油气田企业

典型违章行为汇编

王和琴　张同国　付允杰　主编

中国石化出版社

图书在版编目（CIP）数据

油气田企业典型违章行为汇编 / 王和琴，张同国，付允杰主编 . — 北京：中国石化出版社，2023.2
ISBN 978-7-5114-6965-6

Ⅰ. ①油… Ⅱ. ①王… ②张… ③付… Ⅲ. ①石油企业 – 生产作业 – 违章行为 – 案例 – 汇编 Ⅳ. ① TE687

中国版本图书馆 CIP 数据核字（2023）第 018017 号

中国石化出版社出版发行
地址：北京市东城区安定门外大街 58 号
邮编：100011　电话：（010）57512500
发行部电话：（010）57512575
http：//www.sinopec-press.com
E-mail：press@sinopec.com
北京富泰印刷有限责任公司印刷
全国各地新华书店经销
*
787×1092 毫米　16 开本　13.75 印张　274 千字
2023 年 2 月第 1 版　2023 年 2 月第 1 次印刷
定价：128.00 元

EDITORIAL BOARD

编委

INTRODUCTION

前言

油气田企业是以石油、天然气开采为主要业务的能源企业，是国家能源安全的重要保障，是中国石化、中国石油等企业上中下游一体化链条中的源头部分，承担着重要的政治责任、社会责任和经济责任。油气田企业属于劳动密集型企业，业务所涉及的介质以石油、天然气及其衍生品为主，存在高压、易燃、易爆等危险特性，安全生产事故易发、高发是其重要特征。

油气田企业被称为没有围墙的工厂，企业的管辖区域小则上万平方千米，大则十几万平方千米。在管辖区域内，油气田企业主要从事油气生产和产能工程建设两项主要业务。井场是油气生产的主阵地，也是事故多发区域，井下作业和采油作业因此也成为安全管理的重点和难点，“低老坏”现象屡禁不止。在产能工程建设业务中，高处作业、临时用电、盲板抽堵等特殊作业由于作业过程安全风险不易受控，作业频率高，是违章行为发生的重灾区。

违章行为，如果不及时制止，在一定条件下，有可能会导致伤害事件的发生，甚至酿成事故。因此，对违章的管理一定要树立“勿以错小而为之”的观念，每一起没有酿成事故的违章行为都是侥幸。海因里希法则告诉我们，未遂事件、轻伤事故和严重伤害事故的比例为300∶29∶1，如果进一步研究，300起未遂事件的背后一定有着数量更为庞大的违章行为。因此，分析、研究违章行为背后的原因，对堵塞安全管理漏洞有着积极的意义。

鉴于此，本教材选编了油气田企业生产施工现场的典型违章行为500余例，并根据违章行为涉及的生产现场和作业类型，将违章行为划分为10篇，分别为井下作业篇、采油工程篇、登高作业篇、动火作业篇、电气作业篇、吊装作业篇、动土作业篇、受限空间作业篇、盲板抽堵作业篇、通用作业篇。井下作业和采油作业是油气田企业的主要生产作业环节，其业务基本覆盖了油（气）井和关键作业区域，作业风险高，不安全事件多发，是油气田企业安全管理的重点，因此本教材将井下作业和采油作业所涉及的违章行为专篇列举，旨在提醒工作在油气生产一线的广大采油、作业岗位员工，安全生产切不可存在侥幸心理，只有时刻保持高度警觉，严格按照规程进行操作，才能逐步消除习惯性违章，从而夯实企业安全管理基石。本教材列举的登高、动火、电气、吊装、动土、受限空间和盲板抽堵作业属于常见的非常规作业，作业风险高，是油气田企业安全管理的难点。这些作业过程中发生的违章行为可以说是前车之鉴，无论是安全管理者，还是岗位操作人员，都可以从中对照和反思当下的管理现状，从而在今后的工作中做到有的放矢。最后一篇列举了通用作业过程中发生的常见违章行为，从人的不安全行为、物的不安全状态、环境的不安全条件以及管理缺陷的角度出发，依序列举，为科学分析违章行为，从而采取更加有针对性的管理措施提供了参考。本教材适用于基层岗位技能培训和企业安全管理人员的 HSE 能力培训。

本教材在编写和审稿过程中参阅了大量资料，并得到了中原油田安全环保部（安全环保督查中心）的大力支持和帮助，在此表示衷心的感谢！限于编者的业务水平和学识修养，教材中疏漏、错误之处在所难免，恳请广大员工、技术人员提出宝贵意见。

CONTENTS

目录

Jingxia zuoye pian

井下作业篇

井下作业是油田勘探开发过程中保证油水井正常生产的技术手段。油水井在长期的生产过程中，不停地受到地下油、气、水的腐蚀，逐渐老化，出现各种不同类型的故障，导致油水井不能正常生产，甚至停产。因此，必须对出现问题与故障的油水井进行井下作业，使油水井恢复正常生产。

井下作业是在野外进行，流动性大，环境艰苦，并且是多工种协作施工；石油、天然气、硫化氢等又是易燃、易爆的有毒物质；再加上受到施工人员安全素质以及环境因素的影响，使得井下作业非常容易出现安全事故，如高空落物、机械打击以及机械伤害等。

违章描述	起下油管未使用小滑车
判别依据	《基层生产作业现场 HSSE 管理规范 第 8 部分：井下作业》Q/SH 1025 0988.8—2020 第 5.3.4.4 条：起放油管单根时，吊卡开口应朝上；用小滑车拉送油管时，应站滑道外侧，不应骑跨油管。

2021 年 12 月 9 日，某作业队在起下油管施工过程中未使用小滑车。

违章描述	手抓光杆
判别依据	《基层生产作业现场 HSSE 管理规范 第 8 部分：井下作业》Q/SH 1025 0988.8—2020 第 5.3.3.2 条：摘挂光杆悬绳器和方卡子时，应使用升降钻台，不得手抓光杆操作。

2021 年 6 月 29 日，某作业队在完井施工中，1 名操作人员在安装方卡子时手抓光杆。

违章描述	人员不安全位置
判别依据	《企业职工伤亡事故分类标准》（GB 6441—1986）第 7.07 条：攀、坐不安全位置。

2021 年 6 月 16 日，某采油厂准备大队收油管施工现场，施工人员站在油管桥上。

违章描述	人员不安全位置
判别依据	《企业职工伤亡事故分类标准》（GB 6441—1986）第 7.07 条：攀、坐不安全位置。

2021 年 7 月 16 日，某油田压裂队在测井压裂过程中，施工人员站在千型井口套管上拆卸压裂管线。

违章描述	人员不安全位置
判别依据	《企业职工伤亡事故分类标准》（GB 6441—1986）第 7.07 条：攀、坐不安全位置。

2022 年 11 月 10 日，某作业队在更换大绳时，施工人员站在井口绷绳上抽拉大绳。

违章描述	人员不安全位置
判别依据	《企业职工伤亡事故分类标准》（GB 6441—1986）第7.07条：攀、坐不安全位置。

2021年11月7日，某作业队配合上提光杆洗井，作业人员站在流程上摘卸悬绳器。

违章描述	大锤甩转方向有人
判别依据	《石油工程建设施工安全规程》（SY 6444—2010）第8.3.1条：多人同时进行大锤作业时，不应面对面站立。打锤时，甩转方向不得有人。

2022年1月5日，某作业队起油管时，施工人员抡大锤未观察周围人员站位，甩转方向有人。

违章描述	站在油管桥上蹬油管
判别依据	《基层生产作业现场 HSSE 管理规范 第 8 部分：井下作业》（Q/SH 1025 0988.8—2020）第 4.5.2 条：油管桥用 3 道横桥均布、不少于 12 个桥座，距地面高度≥ 300mm，每组 10 根出头，不超过 5 层，各层横桥用钢制专用卡子固定；不准在油管桥上拉送、站人或行走。

2022 年 1 月 6 日，某作业队收油管、抽油杆作业时，作业人员站在油管桥上蹬油管。

违章描述	放喷管线未安装压力表
判别依据	《中原油田分公司井控管理实施细则》第 4.3.2.6 条：放喷管线压力表距井口 3~5m，处于完全开启状态。压力表应防震。

2021 年 6 月 12 日，某作业队钻前准备作业现场，放喷管线未安装压力表。

违章描述	井口螺丝未上全
判别依据	《中原油田分公司井控管理实施细则》第 6.6.9 条：抽油机井口两翼套管闸门、外卡箍完好，井口法兰连接螺栓齐全、上紧。

2021 年 9 月 17 日，某采油厂井上法兰 12 条螺丝只上了 4 条，未上全。

违章描述	安全通道不畅
判别依据	《油水井井下作业现场安全检查规范》（Q/SH 0095—2015）第 4.2.5 条：井场应设有安全通道并保持畅通。

2021 年 10 月 18 日，某作业队将不用的液压举升装置放置在拉送油杆通道上，影响安全通道畅通。

违章描述	放喷管线没有固定
判别依据	《钻井井场、设备、作业安全技术规程》（SY 5974—2014）第 5.7.2.2 条：地面高压管线应安装在水泥基础上，基础间隔 4~5m，用地脚螺栓卡牢。

2021 年 11 月 22 日，某作业队起油管施工现场，放喷管线没有固定。

违章描述	液压管线过路未做保护
判别依据	《基层生产作业现场 HSSE 管理规范 第 8 部分：井下作业》（Q/SH 1025 0988.8—2020）第 4.10.6 条：防喷器远程控制装置及液压管线无渗漏，接头无滴冒，液压管线清洁、排列整齐，车辆通行位置应有过桥保护。

2021 年 8 月 12 日，某作业队开工准备现场，防喷器液压管线过路未做保护。

违章描述	防喷器生产阀门未悬挂指示牌
判别依据	《中原油田分公司井控管理实施细则》第 4.3.1.5 条：防喷器各控制换向阀手柄处于工作状态，并挂指示牌。

2021 年 8 月 10 日，某井场防喷器生产阀门未悬挂指示牌。

违章描述	液压防喷器液控管线渗漏且无防护措施
判别依据	《中原油田分公司井控管理实施细则》第 4.3.1.3 条：液控管线摆放整齐、清洁、完好，不落地，与放喷管线距离应不小于 1m。

2022 年 1 月 8 日，某作业队作业现场液压防喷器液控管线渗漏且无防护措施。

违章描述	压井管线、放喷管线出口安装在同一方向
判别依据	《基层生产作业现场HSSE管理规范 第8部分：井下作业》（Q/SH 1025 0988.8—2020）第4.10.2条：压井管线：自套管闸门接出，安装在季节风的上风侧方向，接出井口20m以外；第4.10.3条：放喷管线：安装在季节风的下风侧，接出井口25m以外，通径≥62 mm，转弯或出口处使用铸造钢制弯头，弯头≥120°。

2022年3月20日，某作业队作业现场安装的压井管线、放喷管线出口在同一方向。

违章描述	两口井共用一条放喷管线
判别依据	《中原油田分公司井控管理实施细则》第4.2.3.1条：施工作业应根据工程设计和施工设计，结合具体施工项目，配齐完好的井控装置；第4.3.2.2条：井控管汇的压力级别及组合形式，应符合工程设计要求，禁止现场焊接井控管汇。

2021年11月3日，某油井施工现场，两口井共用一条放喷管线，且一口井内有压力需放喷排液，二者存在相互影响。

违章描述	液压钳吊钩闭锁装置损坏
判别依据	《井下作业安全规程》(SY/T 5727—2020)第3.3.4条：所有紧固件、连接件应紧固可靠，销子应有锁紧保险装置。

2021年12月17日，某作业队液压钳吊钩闭锁装置损坏。

违章描述	等停期间，井口未装旋塞
判别依据	《中原油田分公司井控管理实施细则》第4.2.3.1条：施工作业应根据工程设计和施工设计，结合具体施工项目，配齐完好的井控装置；当井筒内存在多种规格管柱组合时，防喷器应能满足不同外径管柱的井控需要。

2022年4月11日，某作业队井下通井管柱施工现场，送油管等停期间，井口未装旋塞。

违章描述	操作阀销子脱落
判别依据	《井下作业安全规程》（SY/T 5727—2020）第3.3.4条：所有紧固件、连接件应紧固可靠，销子应有锁紧保险装置。

2022年1月27日，某采油厂油井试气作业现场，控制举升装置底座下部的操作阀销子脱落。

违章描述	液压钳尾绳销轴销子使用铁丝代替
判别依据	《井下作业安全规程》（SY/T 5727—2020）第3.3.4条：所有紧固件、连接件应紧固可靠，销子应有锁紧保险装置。

2022年2月8日，某作业队在新投井作业现场，液压钳尾绳销轴销子使用铁丝代替，且未锁死。

违章描述	操作平台无防护措施
判别依据	《建筑施工高处作业安全技术规范》（JGJ 80—2016）第 5.2.3 条：严禁在未固定、无防护设施的构件及管道上进行作业或通行。第 6.1.3 条：操作平台的临边应设置防护栏杆，单独设置的操作平台应设置供人上下、踏步间距不大于 400mm 的扶梯。

2021 年 10 月 19 日，某作业队顶驱洗井现场，搭设的场地操作平台无防护措施。

违章描述	吊环未按期检测，无检测报告
判别依据	《石油钻、修井用吊具安全技术检验规范》（SY/T 6605—2018）第 6.1 条：在用石油钻、修井用吊具应进行定期检验。

2022 年 2 月 8 日，某作业队现场一副 50t 单臂吊环未按期检测，无检测报告，无出厂合格证。

违章描述	放喷管线离井口距离不足
判别依据	《基层生产作业现场 HSSE 管理规范 第 8 部分：井下作业》（Q/SH 1025 0988.8—2020）第 4.10.3 条：放喷管线：安装在季节风的下风侧，接出井口 25m 以外，通径≥ 62mm，转弯或出口处使用铸造钢制弯头，弯头≥ 120° 。

2021 年 7 月 22 日，某井场作业现场放喷管线离井口不足 25m。

违章描述	逃生滑道未设置缓冲设施
判别依据	《井下作业安全规程》（SY/T 5727—2020）第 3.3.6 条：逃生出口应保持畅通，着陆点应设缓冲沙坑（物）。

2022 年 3 月 11 日，某采油厂油井大修现场，应急逃生滑道未设置缓冲设施。

违章描述	发电机的发动机未安装阻火器
判别依据	《井下作业安全规程》（SY/T 5727—2020）第 3.19.3.2 条：发电机的发动机排气管应装阻火器。

2022 年 3 月 11 日，某采油厂油井大修现场，发电机的发动机未安装阻火器。

违章描述	刹车连杆一侧调节螺栓备帽未锁紧
判别依据	《井下作业安全规程》（SY/T 5727—2020）第 3.10.1 条：刹车系统应完好可靠，有专人负责检查保养。

2022 年 5 月 1 日，某作业队作业机刹车连杆一侧调节螺栓备帽未锁紧。

<table>
<tr><td>违章描述</td><td>压井管线、放喷管线悬空</td></tr>
<tr><td>判别依据</td><td>《中原油田分公司井控管理实施细则》第 4.3.2.4 条：放喷管线、压井管线每隔 10m 以内用地锚或地脚螺栓水泥基墩（长、宽、高分别为 0.8m，0.6m，0.8m）或预制基墩固定牢靠，管线应贴近地面，有悬空处要支撑牢固。</td></tr>
<tr><td colspan="2"> 
2022 年 4 月 5 日，某作业队校深投棒作业现场，压井管线、放喷管线悬空，距地面约 200mm，未紧贴地面安装。</td></tr>
<tr><td>违章描述</td><td>液压管线破损变形</td></tr>
<tr><td>判别依据</td><td>《基层生产作业现场 HSSE 管理规范 第 8 部分：井下作业》（Q/SH 1025 0988.8—2020）第 7.1 条：依据相关标准、规范，对“现场要求”中设备设施的布局、安装及安全技术性能进行检查；检查各项 HSSE 管理制度、操作规程、劳动保护、HSSE 教育、应急管理等落实情况；检查作业队的危险有害因素辨识、风险分级管理和防控措施的落实情况。</td></tr>
<tr><td colspan="2">

2022 年 7 月 16 日，某作业队顶驱作业现场，对入场设备检查不细，施工车辆豫 J78622 动力液压管线破损变形。</td></tr>
</table>

违章描述	封井器落地摆放
判别依据	《中原油田分公司井控管理实施细则》第 4.3.6.12 条：防喷器从井口卸下，及时保养、清洁，摆放时对法兰钢圈槽进行保护。

2022 年 8 月 16 日，某作业队作业现场，日常用工具摆放混乱、封井器落地摆放。

违章描述	放喷管线渗漏
判别依据	《基层生产作业现场 HSSE 管理规范 第 8 部分：井下作业》（Q/SH 1025 0988.8—2020）第 4.11.2 条：作业井场不应开挖污水坑，宜使用作业无污染施工配套设施，防止油水落地，废液、固废应收集处理。

2022 年 8 月 24 日，某作业队作业现场，放喷管线渗漏。

违章描述	现场安全带配备不足
判别依据	《基层生产作业现场 HSSE 管理规范 第 8 部分：井下作业》（Q/SH 1025 0988.8—2020）第 5.1.4 条：作业现场至少应配备 2 条双钩安全带，附件齐全，2m 以上高处作业时应使用高空作业车或防坠速差器等安全防护措施。

2021 年 8 月 13 日，某作业队施工现场仅配备 1 条安全带，配备不足。

违章描述	钻台护栏缺口处未挂防护链索
判别依据	《基层生产作业现场 HSSE 管理规范 第 8 部分：井下作业》（Q/SH 1025 0988.8—2020）第 4.2.2.7 条：钻台平整、防滑，钻台梯子与钻台间应系保险绳，大门坡道应安装牢固，坡度适宜并加保险绳，护栏缺口处应有防护链索。

2022 年 6 月 28 日，某作业队作业钻台护栏缺口处无防护链索。

Caiyou gongcheng pian

采油工程篇

采油工程作业主要是将油、天然气从油层举升到地面，然后通过一整套油气集输系统将油气在地面进行收集、分离、处理、计量和储存的系统工程。当前油气上升主要依靠抽油泵以及气举等人工增补方式，以抽油机为主。

采油作业施工存在的风险主要有以下几个方面。第一是采油设备自身问题，采油设备因保养和使用不当，导致机械部件变形、脱落以及卡死等而发生机械故障造成安全事故的发生。第二是在涉及压力容器等设备的操作中，没有进行泄压操作或是泄压不彻底，导致带压施工从而出现的生产事故。第三是因工具使用不当导致的人员伤害，如使用管钳等工具进行扭动阀门等工作时，因部件老化导致旋转部件的突然脱落，操作人员收力不及时造成人员伤害事故。第四是站位不当导致的安全隐患，如操作人员站在抽油机护栏或阀门上进行操作，导致高处坠落、摔伤等人身伤害事故。第五是火灾和爆炸风险，在易燃易爆的操作环境下，因人员违章携带操作，引发火灾或者爆炸。

违章描述	手抓光杆
判别依据	《基层生产作业现场 HSE 管理规范 第 7 部分：采油管理区》（Q/SH 1025 0988.7—2015）第 5.3.12.7 条：作业时人员不能手抓光杆，避免发生砸、挤伤等事故。

2021 年 8 月 17 日，某采油厂油井维保抽油机过程中，作业人员手抓光杆。

违章描述	人员不安全位置
判别依据	《企业职工伤亡事故分类标准》（GB 6441—1986）第 7.07 条：攀、坐不安全位置。

2021 年 5 月 8 日，某采油厂保养抽油机时，施工人员站在距地面约 1.8m 的抽油机平衡块上，使用榔头砸呆头扳手紧固变速箱螺栓。

违章描述	人员不安全位置
判别依据	《企业职工伤亡事故分类标准》（GB 6441—1986）第 7.07 条：攀、坐不安全位置。

2021 年 12 月 30 日，某采油厂抽油机施工现场，1 名施工人员踩在抽油机防护栏上。

违章描述	人员不安全位置
判别依据	《企业职工伤亡事故分类标准》（GB 6441—1986）第 7.07 条：攀、坐不安全位置。

2021 年 6 月 1 日，某采油厂施工人员在更换抽油机皮带现场，站在减速箱小平台扶手上。

违章描述	启停抽油机未侧身操作
判别依据	《基层生产作业现场 HSE 管理规范 第 7 部分：采油管理区》（Q/SH 1025 0988.7—2015）第 5.3.5.2 条：启停抽油机时，佩戴绝缘手套，验电后侧身操作电气设备，停机后应打死刹、拉闸断电。

2021 年 5 月 25 日，某采油厂安装抽油机皮带防护罩施工现场，启停抽油机时，多人未侧身操作。

违章描述	启停抽油机未戴绝缘手套
判别依据	《基层生产作业现场 HSE 管理规范 第 7 部分：采油管理区》（Q/SH 1025 0988.7—2015）第 5.3.10.2 条：启停抽油机时，佩戴绝缘手套，验电后侧身操作电气设备，停机应拉闸断电、打死刹，悬挂“正在施工”警示标识。

2021 年 9 月 25 日，某采油厂油井作业完井，施工人员启停抽油机时未戴绝缘手套。

违章描述	安全带低挂高用
判别依据	《坠落防护装备安全使用规范》（GB/T 23468—2009）第 5.2.2.3 条：使用坠落悬挂安全带时，挂点应位于工作平面上方。

2021 年 9 月 14 日，某采油厂油井抽油机死刹落地施工时，1 名施工人员安全带低挂高用。

违章描述	高处作业工具未系安全绳
判别依据	《石油化工工程高处作业技术规范》（SH/T 3567—2018）第 4.11 条：作业时所使用的扳手、手锤等工具应采取防坠落措施，不随意放置，严禁抛掷。 《石油化工建设工程施工安全技术标准》（GB/T 50484—2019）第 3.5.8 条：高处作业不得上下投掷工具、材料等，手持工具在使用时应系有安全绳。

2021 年 6 月 11 日，某采油厂油井换驴头作业现场，作业人员高处使用榔头砸驴头销子时未系安全绳。

违章描述	站在套管闸门上安装悬绳器
判别依据	《建筑施工高处作业安全技术规范》（JGJ 80—2016）第 5.2.1 条：悬空作业的立足处的设置应牢固，并应配置登高和防坠落装置和设施。

2022 年 7 月 26 日，某油井完井安装悬绳器时，施工人员站在套管闸门上安装悬绳器。

违章描述	堵塞安全通道
判别依据	《建设工程施工现场消防安全技术规范》（GB 50720—2011）第 6.4.3 条：临时消防车道、临时疏散通道、安全出口应保持畅通，不得遮挡、挪动疏散指示标识。 《基层生产作业现场 HSE 管理规范 第 4 部分：采油维修》（Q/SH 1025 0988.4—2015）第 4.1.4 条：施工现场应建立至少 1 条逃生通道，并设逃生通道指示牌，逃生通道保持畅通的要求。

2022 年 8 月 4 日，某采油厂井场的太阳能光伏板安装位置堵塞安全通道。

违章描述	抽油机皮带断裂
判别依据	《基层生产作业现场 HSE 管理规范 第 7 部分：采油管理区》（Q/SH 1025 0988.7—2015）第 5.4.1.5 条：机械设备出现故障时，应停机进行检维修作业。

2021 年 12 月 16 日，某采油厂油井抽油机 2 根皮带断裂，只剩 2 根在运行。

违章描述	抽油机基础边坡塌陷
判别依据	《游梁式抽油机的安装与维护》（SY/T 6668—2016）第 4.2.5.2 条：应维护基础周围的坡度，以保持基础的完整性。

2021 年 10 月 2 日，某采油厂油井更换减速箱施工现场，抽油机北侧基础边坡部分塌陷。

违章描述	抽油机皮带轮未安装防护罩
判别依据	《抽油机防护推荐作法》（SY/T 6518—2012）第 4.2 条：抽油机皮带轮和皮带应用可拆卸的护罩进行防护。

2022 年 3 月 10 日，某采油厂油井抽油机皮带轮未安装防护罩。

违章描述	抽油机护栏未及时恢复
判别依据	《基层生产作业现场 HSE 管理规范 第 7 部分：采油管理区》（Q/SH 1025 0988.7—2015）第 4.2.5.5 条：旋转部位应设有牢固可靠的防护栏，刹车装置应安全可靠。

2021 年 9 月 20 日，某采油厂油井换底座现场，护栏未及时恢复。

违章描述	停机未验电
判别依据	《基层生产作业现场 HSE 管理规范 第 7 部分：采油管理区》（Q/SH 1025 0988.7—2015）第 5.3.10.2 条：启停抽油机时，佩戴绝缘手套，验电后侧身操作电气设备，停机应拉闸断电、打死刹，悬挂“正在施工”警示标识。《中原油田游梁式抽油机作业“三措施一禁令”》：抽油机启停机必须佩戴绝缘手套，验电后侧身操作电气设备，断电后必须验电。

2021 年 6 月 8 日，某采油厂油井保养抽油机作业现场，作业人员停机断电前未对配电箱验电。

违章描述	停机未挂牌
判别依据	基层生产作业现场 HSE 管理规范 第 7 部分：采油管理区》（Q/SH 1025 0988.7—2015）第 5.3.10.2 条：启停抽油机时，佩戴绝缘手套，验电后侧身操作电气设备，停机应拉闸断电、打死刹，悬挂“正在施工”警示标识。

2022 年 7 月 6 日，某采油厂油井换电机施工，抽油机刹车没有挂牌。

违章描述	输油管道未埋地
判别依据	《输油管道工程设计规范》（GB 50253—2014）第 4.2.1 条：输油管道应采用地下埋设方式。

2021 年 8 月 19 日，某采油厂油井抽油机井口至多功能储罐间输油管道未按要求采用地下埋设。

违章描述	井口电缆未下埋
判别依据	《中国石化临时用电作业安全管理规定》第 3.2.2.6 条：对需埋地敷设的电缆线路应设走向标志和安全标志。电缆埋地深度不应小于 0.7m，穿越道路时应加设防护套管。

2022 年 3 月 7 日，某采油厂油井新上电缆未下埋。

违章描述	插线盘无漏电保护器
判别依据	《中国石化临时用电作业安全管理规定》第 3.2.1.6 条：临时用电线路的漏电保护器选型和安装应符合《剩余电流动作保护器的一般要求》（GB 6829）和《剩余电流动作保护装置安装和运行的要求》（GB 13955）的规定。临时用电设施应做到“一机一闸一保护”，开关箱和移动式、手持式电动工具安装应符合规范要求的漏电保护器。

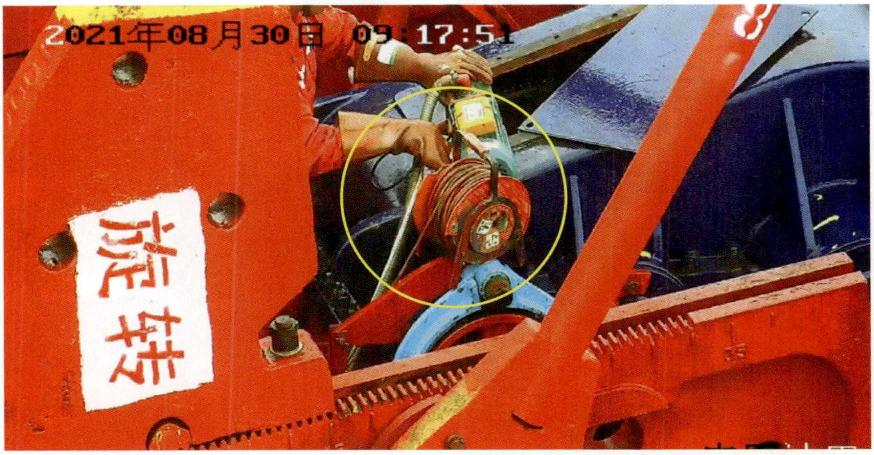

2021 年 8 月 30 日，某采油厂油井更换变速箱前，使用电动抽油泵外倒变速箱机油，插线盘无漏电保护器。

违章描述	抽油机无防护栏
判别依据	《基层生产作业现场 HSE 管理规范 第 7 部分：采油管理区》（Q/SH 1025 0988.7—2015）第 4.2.5.5 条：旋转部位应设有牢固可靠的防护栏，刹车装置应安全可靠。

2022 年 5 月 26 日，某采油厂油井抽油机无防护栏。

违章描述	压力容器无放大号
判别依据	《基层生产作业现场 HSE 管理规范 第 7 部分：采油管理区》（Q/SH 1025 0988.7—2015）第 4.2.8.1 条：水套加热炉应清洁、无油污，铭牌清晰，喷刷放大号图框及放大号。

2022 年 3 月 11 日，某采油厂井场多功能罐，压力容器无放大号。

违章描述	作业车辆距离井口近
判别依据	《基层生产作业现场 HSE 管理规范 第 7 部分：采油管理区》（Q/SH 1025 0988.7—2015）第 5.3.20.2 条：小排量洗井车停在距井口 10m 以外的上风侧。

2021 年 4 月 30 日，某采油厂油井洗井作业现场，洗井车辆距离井口近。

违章描述	施工区域未设置警示隔离带
判别依据	《基层生产作业现场 HSE 管理规范 第 7 部分：采油管理区》（Q/SH 1025 0988.7—2015）第 5.3.12.3 条：作业区域设置警示带，防止非操作人员入内。

2021 年 5 月 9 日，某采油厂油井热洗、换光杆施工现场，未设置警示隔离带。

Denggao zuoye pian

登高作业篇

一、登高作业

在施工现场，常常借助于登高用具或登高设施，在攀登条件下进行的高处作业，这类作业称攀登作业，亦称登高作业。攀登作业主要是利用梯子攀登和结构安装中的登高作业。

二、高处作业

国家标准《高处作业分级》（GB 3608—2008）规定：“凡在坠落高度基准面 2m 以上（含 2m）有可能坠落的高处进行作业，都称为高处作业。”

因高空作业而引起的常见事故有：高空坠落、物体打击等，其中高空坠落事故占 60% 左右。常见的高空坠落事故类型包括：

1. 洞口坠落（预留口、通道口、楼梯口、电梯口、阳台口坠落等）；
2. 脚手架上坠落；
3. 悬空高处作业坠落；
4. 石棉瓦等轻型局面坠落；
5. 拆除工程中发生的坠落；
6. 登高过程中坠落；
7. 梯子上作业坠落；
8. 屋面作业坠落；
9. 其他高处作业坠落（铁塔上、电杆上、设备上、构架上、树上以及其他各种物体上坠落等）。

违章描述	高处作业未佩戴安全带
判别依据	《坠落防护装备安全使用规范》GB/T 23468—2009 第 4.1.1 条：在距坠落高度基准面 2m 及 2m 以上，有发生坠落危险的场所作业，对个人进行坠落防护时，应使用坠落悬挂安全带或区域限制安全带。

2021 年 5 月 17 日，某注采站消防水罐焊接现场，作业人员未佩戴安全带站在直梯上悬挂手动葫芦。

违章描述	安全带低挂高用
判别依据	《石油化工工程高处作业技术规范》（SH/T 3567—2018）第 5.3.2 条：安全带应高挂低用。第 5.3.4 条：安全带应挂在结实牢固的构件上，或专为挂安全带用的生命绳上。

2021 年 5 月 8 日，某公寓楼建设施工现场，施工人员安全带低挂高用。

违章描述	安全带系挂点错误
判别依据	《石油化工工程高处作业技术规范》（SH/T 3567—2018）第 5.3.4 条：安全带应挂在结实牢固的构件上，或专为挂安全带用的生命绳上。

2021 年 8 月 25 日，某外墙保温板施工现场，1 名施工人员未将所佩戴的安全带正确系挂到安全绳上。

违章描述	安全带系挂不安全位置
判别依据	《石油工程建设施工安全规程》(SY 6444—2010)第 8.6.4 条：高处作业人员应正确佩戴安全带，安全带应系挂在作业位置上方牢固可靠的构件上。

2021 年 12 月 14 日，某采油厂采油区排涝泵房屋墙面粉刷，高处作业人员安全带系挂在不安全位置。

违章描述	安全带胸扣未系
判别依据	《坠落防护 安全带》(GB 6095—2021)第 5.3.3.2 条：坠落悬挂安全带的设计应至少符合下列要求：坠落悬挂用系带应为全身式系带；系带连接点应位于使用者前胸或后背。

2021 年 10 月 3 日，某外墙喷漆现场，举升机内 1 名操作人员安全带的胸扣未系。

违章描述	生命绳使用棕绳代替
判别依据	《石油化工工程高处作业技术规范》（SH/T 3567—2018）第 6.2.1 条：生命绳宜选用镀锌钢丝绳或带塑胶套的 6×37+1 钢丝绳，其技术性能应符合 GB/T 20118 的相关要求。

2022 年 1 月 20 日，某采油厂进行中转站房顶防水作业时，使用棕绳代替生命绳。

违章描述	未正确使用安全带
判别依据	《石油化工工程高处作业技术规范》（SH/T 3567—2018）第 5.3.3 条：在没有安全通道时，应设置生命绳，作业人员移动过程中所系挂的安全带应保证至少一个挂钩有效；第 5.3.4 条：安全带应挂在结实牢固的构件上，或专为挂安全带用的生命绳上。

2021 年 11 月 19 日，某轻烃站搭设脚手架作业施工，双钩安全带未挂在生命绳上。

违章描述	高处作业安全带引绳过长
判别依据	《坠落防护 安全带》(GB 6095—2021)第 5.3.3.2 条：包含未展开缓冲器的坠落悬挂安全绳长度应小于或等于 2m。

2021 年 11 月 25 日，某采油厂泵房屋顶防水施工，作业人员安全带引绳过长，起不到防护作用。

违章描述	吊篮作业安全带未挂在生命绳上
判别依据	《石油化工工程高处作业技术规范》(SH/T 3567—2018)第 5.3.2 条：安全带应高挂低用。第 5.3.4 条：安全带应挂在结实牢固的构件上，或专为挂安全带用的生命绳上。

2021 年 8 月 19 日，某外墙保温施工现场，吊篮施工时，一名操作人员未将安全带挂在生命绳上。

违章描述	生命绳中间有接头
判别依据	《石油化工工程高处作业技术规范》（SH/T 3567—2018）第 6.2.11：生命绳应采用整根钢丝绳，中间不得有接头。

2021 年 8 月 19 日，某建设施工现场廊架上使用的生命绳中间有接头，绳头未使用钢丝绳卡固定。

违章描述	工具临边摆放
判别依据	《石油化工工程高处作业技术规范》（SH/T 3567—2018）第 4.11 条：作业时所使用的扳手、手锤等工具应采取防坠落措施，不随意放置，严禁抛掷。 《石油化工建设工程施工安全技术标准》（GB/T 50484—2019）第 3.5.8 条：高处作业不得上下投掷工具、材料等，手持工具在使用时应系有安全绳。 《中国石化全员安全行为规范》（附件：施工作业方面安全行为负面清单）第三（4）条：不妥善放置高处作业中使用的工具、工件。

2022 年 3 月 30 日，某厂全阀校验现场，工具临边摆放，有坠落风险。

违章描述	榔头未系安全绳
判别依据	《石油化工工程高处作业技术规范》（SH/T 3567—2018）第 4.11 条：作业时所使用的扳手、手锤等工具应采取防坠落措施，不随意放置，严禁抛掷。 《石油化工建设工程施工安全技术标准》（GB/T 50484—2019）第 3.5.8 条：高处作业不得上下投掷工具、材料等，手持工具在使用时应系有安全绳。 《中国石化高处作业安全管理规定》第 3.2.9 条：高处作业工具在使用时应系有安全绳，不用时应将工具放入工具套（袋）内。

2022 年 4 月 27 日，某油井换驴头施工时，榔头未系安全绳。

违章描述	高空抛物
判别依据	《石油化工工程高处作业技术规范》（SH/T 3567—2018）第 4.11 条：作业时所使用的扳手、手锤等工具应采取防坠落措施，不随意放置，严禁抛掷。 《石油化工建设工程施工安全技术标准》（GB/T 50484—2019）第 3.5.8 条：高处作业不得上下投掷工具、材料等，手持工具在使用时应系有安全绳。

2021 年 6 月 18 日，某厂火炬检修现场高空抛物。

违章描述	高处行走未系安全带
判别依据	《坠落防护装备安全使用规范》（GB/T 23468—2009）第 4.1.1 条：在距坠落高度基准面 2m 及 2m 以上，有发生坠落危险的场所作业，对个人进行坠落防护时，应使用坠落悬挂安全带或区域限制安全带。

2021 年 8 月 6 日，某注采站建设施工现场，作业人员在钢梁上高处行走未系安全带。

违章描述	双手持物下梯子
判别依据	《梯子 第 3 部分：使用说明书》（GB/T 17889.3—2012）第 4.b）.3 条：拿着东西爬梯子。

2022 年 10 月 2 日，某厂装置区域，一人双手持物下梯子。

违章描述	手持工具下爬梯
判别依据	《梯子 第 3 部分：使用说明书》(GB/T 17889.3—2012) 第 4.b).3 条：拿着东西爬梯子。

2021 年 11 月 4 日，某厂拆卸安全阀，施工人员手持工具下爬梯。

违章描述	跨出护栏池边作业无防护措施
判别依据	《坠落防护装备安全使用规范》(GB/T 23468—2009) 第 4.1.1 条：在距坠落高度基准面 2m 及 2m 以上，有发生坠落危险的场所作业，对个人进行坠落防护时，应使用坠落悬挂安全带或区域限制安全带。

2021 年 5 月 27 日，某采油厂 1 名施工人员跨出护栏站在排污池边清理污油时，无防护措施。

违章描述	临边作业无防护措施
判别依据	《坠落防护装备安全使用规范》(GB/T 23468—2009)第 4.1.1 条：在距坠落高度基准面 2m 及 2m 以上，有发生坠落危险的场所作业，对个人进行坠落防护时，应使用坠落悬挂安全带或区域限制安全带。

2021 年 5 月 10 日，某采油厂集气站两名员工处置大风刮在计量间上的地膜时，临边作业无防护措施。

违章描述	操作平台无护栏
判别依据	《石油化工工程高处作业技术规范》(SH/T 3567—2018)第 4.8 条：高处作业平台应完善其护栏系统和牢固覆盖平台上的孔洞，并增设安全防护措施。《中国石化高处作业安全管理规定》第 3.2.7 条：高处作业平台四周应设置防护栏。

2021 年 10 月 23 日，某丛式井场信息柜搭设防雨棚现场，使用的门式脚手架操作平台无护栏。

违章描述	作业平台搭设不规范
判别依据	《石油化工工程高处作业技术规范》(SH/T 3567—2018)第 4.8 条：高处作业平台应完善其护栏系统和牢固覆盖平台上的孔洞，并增设安全防护措施。 《化学品生产单位特殊作业安全规范》(GB 30871—2014)第 4.4.b)条：作业现场的梯子、栏杆、平台、篦子板、盖板等设施应完整、牢固，采用的临时设施应确保安全。

2021 年 10 月 28 日，某采油厂油井整改套管头现场，井口搭设的作业平台不规范，存在坠落风险。

违章描述	人员站在不稳固平台上操作
判别依据	《中国石化高处作业安全管理规定》第 3.2.10 条：严禁在未固定、无防护设施的构件、管道上进行作业。

2021 年 5 月 18 日，某采油厂计量站注水阀组搭设简易房，施工人员站在不稳定的凳子上实施焊接作业，且未采取防护措施。

违章描述	作业平台搭设不稳固
判别依据	《化学品生产单位特殊作业安全规范》（GB 30871—2014）第 4.4.b）条：作业现场的梯子、栏杆、平台、篦子板、盖板等设施应完整、牢固，采用的临时设施应确保安全。 《中国石化高处作业安全管理规定》第 3.2.7 条：高处作业平台四周应设置防护栏。

2021 年 8 月 13 日，某注采站建设施工现场，使用自制作业平台，1 块脚手板搭设在梯子和移动脚手架之间。

违章描述	脚手架垫板搭设在不稳定处
判别依据	《建筑施工门式钢管脚手架安全技术标准》（JGJ 128—2019）第 6.8.1 条要求：中低压缩性且压缩性均匀地基，立杆底座置于面积不小于 $0.075m^2$ 的垫木上；回填土地基，立杆底座置于面积不小于 $0.1m^2$ 垫木上；高压缩性或压缩性不均匀地基，应夯实原土，铺设通长垫木。

2021 年 8 月 19 日，某建设现场，脚手架垫板搭设在电缆沟边沿，地面松动。

违章描述	脚手架部分钢管腐蚀变形
判别依据	《石油化工工程钢脚手架搭设安全技术规范》（SH/T 3555—2014）第4.2.1条：钢管周转材料使用前应进行全部检查，钢管表面应平直光滑，不应有裂纹、结疤、分层、错位、硬弯、毛刺、压痕、划道及严重锈蚀等缺陷，不应打孔。

2022年6月30日，某采油厂中转站隐患治理工程现场，搭设的脚手架部分钢管腐蚀变形。

违章描述	门式脚手架无防护栏
判别依据	《建筑施工门式钢管脚手架安全技术标准》（JGJ 128—2019）第7.2.2条：在施工作业层外侧周围应设置两道栏杆，上栏杆高度1.2m，下栏杆应居中设置。

2021年6月12日，某注采站安装管廊使用的脚手架无防护栏。

违章描述	脚手架地基不平整
判别依据	《石油化工工程钢脚手架搭设安全技术规范》（SH/T 3555—2014）第5.3.1.2条：脚手架地基应平整坚实，立杆底部宜设置底座或垫板。

2021年6月28日，某注采站，站内管廊支架组装施工现场，所搭设脚手架目测处于倾斜状态。

违章描述	在用脚手架脚手板未铺满
判别依据	《建筑施工扣件式钢管脚手架安全技术规范》（JGJ 130—2011）第6.2.4.1条要求：作业层脚手板应铺满、铺稳、铺实。 《石油化工工程钢脚手架搭设安全技术规范》（SH/T 3555—2014）第5.3.1.6条：作业层脚手板应满铺。

2021年6月28日，某注采站东南角，消防水罐作业层脚手板未铺满。

违章描述	脚手架无垫板
判别依据	《石油化工工程钢脚手架搭设安全技术规范》(SH/T 3555—2014)第5.3.1.2条：脚手架地基应平整坚实，立杆底部宜设置底座或垫板。

2021年5月18日，某注采站施工现场，消防水罐工地门式脚手架用铁丝代替销子且底部无垫板。

违章描述	脚手架中间两根水平杆弯曲
判别依据	《建筑施工扣件式钢管脚手架安全技术规范》(JGJ 130—2011)第8.1.1.(3)条：钢管表面应平直光滑，不应有裂缝、结疤、分层、错位、硬弯、毛刺、压痕和深的划道。

2021年7月18日，某注采站压缩机房搭设的脚手架中间两根水平杆弯曲。

违章描述	脚手架脚踏板未固定
判别依据	《石油化工建设工程施工安全技术标准》（GB/T 50484—2019）第 6.3.13 条要求：作业层脚手板应设置在三根横向水平杆上，当脚手板长度小于 2m 时，可用两根横向水平杆支承，脚手板两端应用铁丝绑扎固定。

2021 年 7 月 20 日，某建设现场搭建的脚手架脚踏板未固定。

违章描述	脚手架横杆预留不足
判别依据	《建筑施工扣件式钢管脚手架安全技术规范》（JGJ 130—2011）第 7.3.11.（5）条：各杆件端头伸出扣件盖板边缘的长度不应小于 100mm。

2021 年 7 月 22 日，某厂工程施工现场，搭设的脚手架部分横杆端头未伸出扣件盖板，不满足伸出扣件 100mm 的要求。

违章描述	立杆与横杆连接处的扣件未上紧固螺栓
判别依据	《建筑施工扣件式钢管脚手架安全技术规范》(JGJ 130—2011)第 8.2.3 条：扣件螺栓应无松动。

2021 年 7 月 22 日，某厂工程施工现场，脚手架有两处立杆与横杆连接处的扣件未上紧固螺栓。

违章描述	脚手板固定铁丝接头外露
判别依据	《石油化工工程钢脚手架搭设安全技术规范》(SH/T 3555—2014)第 5.3.1.6 条：脚手板两端宜用 10# 镀锌铁丝双股绑扎或使用钢板卡固定，铁丝接头应设置在脚手板的侧面或下面。

2022 年 2 月 19 日，某厂新建泵房外墙粉刷现场，脚手板固定铁丝接头设置在脚手板上面。

违章描述	脚手架无挡脚板
判别依据	《石油化工工程钢脚手架搭设安全技术规范》（SH/T 3555—2014）第5.3.1.6条要求：脚手架作业层四周应搭设防护栏，防护栏应采用脚手架钢管搭设；脚手架外侧栏杆上栏杆离作业面高度1.2m，中栏杆离作业面高度0.6m，所有防护栏均应安装挡脚板，挡脚板的位置应位于防护栏内侧，高度不应小于180mm。

2021年9月6日，某单位装修施工现场，使用的脚手架无挡脚板。

违章描述	门式脚手架拉杆未穿锁销
判别依据	《建筑施工门式钢管脚手架安全技术标准》（JGJ/T 128—2019）第6.1.3条：门式脚手架设置的交叉支撑应与门架立杆上的锁销锁牢。

2021年9月19日，某注采站建设施工现场，压缩机房安装隔音板使用的门式脚手架用绳子捆绑拉杆，未穿锁销。

违章描述	脚手板未固定
判别依据	《石油化工建设工程施工安全技术标准》（GB/T 50484—2019）第 6.3.13 条要求：作业层脚手板应设置在三根横向水平杆上，当脚手板长度小于 2m 时，可用两根横向水平杆支承，脚手板两端应用铁丝绑扎固定。

2021 年 10 月 16 日，某单位粉刷房屋顶棚作业现场，脚手架脚手板未固定。

违章描述	横向扫地杆固定在纵向扫地杆上方
判别依据	《建筑施工扣件式钢管脚手架安全技术规范》（JGJ 130—2011）第 6.3.2 条：脚手架必须设置纵、横向扫地杆。纵向扫地杆应采用直角扣件固定在距钢管底端不大于 200mm 处的立杆上。横向扫地杆应采用直角扣件固定在紧靠纵向扫地杆下方的立杆上。

2022 年 2 月 25 日，某厂设备工艺改造现场，搭设的脚手架一根横向扫地杆固定在纵向扫地杆上方。

<table>
<tr><td>违章描述</td><td>脚手板外伸长度超过标准</td></tr>
<tr><td>判别依据</td><td>《石油化工工程钢脚手架搭设安全技术规范》(SH/T 3555—2014)第 5.3.1.6 条：脚手板的铺设可对接平铺或搭接铺设，脚手板交接处应平整，无探头板；脚手板对接平铺时，接头处应设两根横向水平杆，接头处间隙应小于 20mm，脚手板外伸长应为 130~150mm。</td></tr>
<tr><td colspan="2">
2022 年 5 月 20 日，某集气站防腐刷漆作业平台脚手板外伸长度大于 150mm。</td></tr>
<tr><td>违章描述</td><td>满堂红脚手架未做防雷接地</td></tr>
<tr><td>判别依据</td><td>《施工现场临时用电安全技术规范》(JGJ 46—2005)第 5.4.2 条：施工现场内的起重机、井字架、龙门架等机械设备，以及钢脚手架和正在施工的在建工程等的金属结构，当在相邻建筑物、构筑物等设施的防雷装置接闪器的保护范围以外时，应按表 5.4.2 规定安装防雷装置。</td></tr>
<tr><td colspan="2">
2021 年 5 月 14 日，某质检用房工程建设现场，搭设的满堂红脚手架未做防雷接地。</td></tr>
</table>

违章描述	脚手架缺少脚板和防护杆
判别依据	《建筑施工扣件式钢管脚手架安全技术规范》(JGJ 130—2011)第 7.3.12 条：作业层栏杆和挡脚板均应搭设在外立杆的内侧，上栏杆高度应为 1.2m，挡脚板高度不应小于 180mm，中栏杆应居中设置。

2021 年 5 月 29 日，某注采站消防水罐搭设的门式脚手架上部防护杆歪斜，不稳固，且缺少挡脚板和中间防护杆。

违章描述	脚手架立杆搭接设置在同步内
判别依据	《建设施工扣件式钢管脚手架安全技术规范》(JGJ 130—2011)第 6.3.6 条：当立杆采用对接接长时，立杆的对接扣件应交错布置，两根相邻立杆的接头不应设置在同步内，同步内隔一根立杆的两个相隔接头在高度方向错开的距离不宜小于 500mm；各接头中心至主节点的距离不宜大于步距的 1/3。

2022 年 7 月 9 日，某采油厂储罐维修现场，罐体外部搭设的双排脚手架，部分立杆搭接设置在同步内。

违章描述	使用直梯无人监护
判别依据	《石油化工工程高处作业技术规范》（SH/T 3567—2018）第 6.6.8 条：使用移动式梯子时，支撑点应牢固防滑，下方应有人监护。

2021 年 8 月 25 日，某单位办公楼施工现场，1 名施工人员上下梯子攀爬至楼顶，现场无人监护。

违章描述	使用人字梯无人监护
判别依据	《石油化工建设工程施工安全技术标准》（GB/T 50484—2019）第 3.5.22 条：使用便携式梯子时，下方应有人扶持。

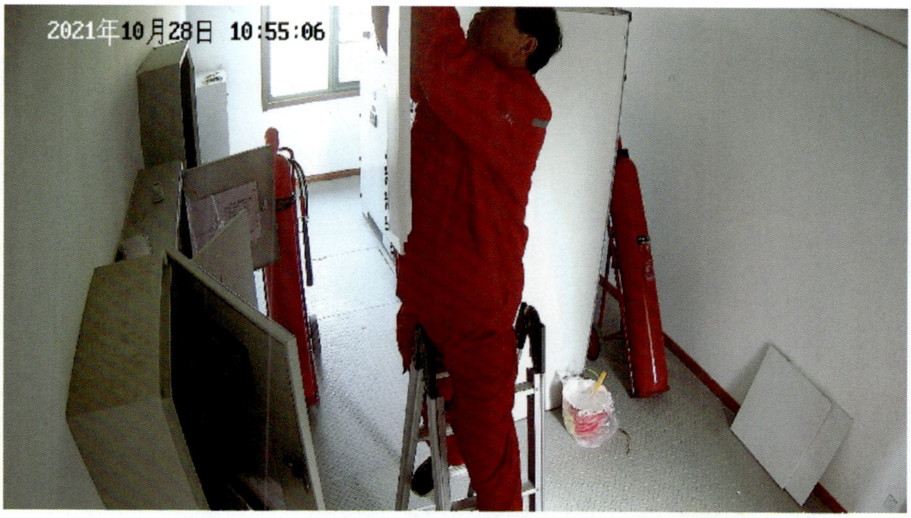

2021 年 10 月 28 日，某注采站低压配电室维修照明现场，1 名作业人员使用人字梯无人监护。

违章描述	两人同时在梯子上作业
判别依据	《便携式梯子使用安全管理规范》(Q/SY 1370—2011)第 5.3.1 条：一个梯子上只允许一人站立，并有一人监护。

2022 年 6 月 8 日，某采油厂搭注水泵防雨棚现场，两人同时在梯子上作业。

违章描述	梯子顶端伸出距离不足
判别依据	《梯子 第 3 部分：使用说明书》(GB/T 17889.3—2012)第 6.4.s)条：用于爬到高处的倚靠式梯子至少应高出登临点上方 1m。

2021 年 8 月 1 日，某建设现场，搭设的梯子未高出登临点 1m。

违章描述	站在扶梯顶部
判别依据	《梯子 第 3 部分：使用说明书》（GB/T 17889.3—2012）第 6.4.e）条：不得站立在倚靠式梯子最上面的三档踏板 / 踏棍上。

2021 年 7 月 1 日，某注采站建设项目，1 名操作人员站在梯子顶部拆除吊装带。

违章描述	高处作业监护人员未履职
判别依据	《中国石化作业许可管理规定》第 2.7.4 条：作业过程中，监护人不得随意离开现场，确需离开时，收回作业许可证，暂停作业。

2021 年 9 月 5 日，某注采站建设现场，1 名施工人员高处打磨管线时，下面监护人员背对施工现场。

Donghuo zuoye pian

动火作业篇

动火作业是指进行可能产生火花、火焰和炽热表面的临时性作业。常见的动火作业包括电焊、气焊（热切割）、电钻、砂轮、喷灯等。

动火作业主要风险是引发火灾、爆炸事故。对作业人员来说，可能发生灼烫、触电等人身伤害，动火作业如果涉及高处作业、进入受限空间作业等，还有可能发生高处坠落、中毒窒息、触电、作业环境破坏等事故。

违章描述	电焊作业人员使用非耐火防护手套
判别依据	《焊接与切割安全》（GB 9448—1999）第 4.2.2.2 条：所有焊工和切割工必须佩戴耐火的防护手套。第 11.5.7.2 条要求：焊工必须用干燥的绝缘材料保护自己免除与工件或地面可能产生的电接触。

2021 年 5 月 12 日，某注采站现场，压缩机基础电焊作业人员使用非耐火防护手套。

违章描述	切割作业未佩戴防护面具
判别依据	《个体防护装备选用规范》（GB/T 1651—2008）第 6.1.A02 条：有碎屑飞溅的作业，应选用防冲击护目镜。 《生产过程安全卫生要求总则》（GB/T 12801—2008）第 6.2.4 条：从业人员在作业过程中，应按照安全生产规章制度和劳动防护用品使用规则，正确佩戴和使用劳动防护用品；未按规定佩戴和使用劳动防护用品的，不得上岗作业。

2021 年 9 月 30 日，某建设现场，1 名焊工进行切割作业时使用手部遮挡飞溅火花，未佩戴防护面具。

违章描述	佩戴非标准电焊防护面罩
判别依据	《焊接与切割安全》（GB 9448—1999）第 4.2.1 条：作业人员必须使用带有滤光镜的头罩或手持面罩。

2021 年 5 月 17 日，某注采站压缩机基础钢筋网焊接现场，焊工佩戴非标准电焊防护面罩。

违章描述	多点焊接中间未设置防护屏板
判别依据	《焊接与切割安全》（GB 9448—1999）第 4.1.3 条：为了防止作业人员或邻近区域的其他人员受到焊接及切割电弧的辐射及飞溅伤害，应用不可燃或耐火屏板或屏罩加以隔离保护。

2022 年 7 月 10 日，某施工单位焊接安装施工现场，多点同时焊接中间未设置防护屏板。

违章描述	雨天焊接作业无防护措施
判别依据	《焊接与切割安全》（GB 9448—1999）第 11.2.2 条：在特殊环境条件下（如：室外的雨雪中：温度、湿度、气压超过正常范围或具有腐蚀、爆炸危险的环境），必须对设备采取特殊的防护措施以保证其正常的工作性能。

2021 年 7 月 21 日，某注采站建设现场，压缩机棚组装焊接时未采取防雨措施。

违章描述	手握焊把头和焊条
判别依据	《焊接与切割安全》(GB 9448—1999)第 3.2.3 条：操作者必须安全地使用设备，使之不会对生命及财产构成危害。第 11.2.4 条：弧焊设备外露的带电部分必须设置完好的保护，以防人员或金属物体与之相接触。

2021 年 5 月 14 日，某注采站压缩机基础钢筋网焊接现场，1 名作业人员手握焊把头和焊条。

违章描述	整理焊把线时焊条未摘掉
判别依据	《焊接与切割安全》(GB 9448—1999)第 11.5.6 条：金属焊条和碳极在不用时必须从焊钳上取下以消除人员或导电物体的触点危险。

2021 年 5 月 14 日，某注采站压缩机基础钢筋网焊接现场，作业人员整理焊把线时未将焊条摘掉。

违章描述	焊条未按要求存放
判别依据	《焊接与切割安全》(GB 9448—1999)第 11.5.6 条：金属焊条和碳极在不用时必须从焊钳上取下以消除人员或者导电物体的触点危险。焊钳在不使用时必须置于与人员、导电体、易燃物体或压缩空气瓶接触不到的地方。

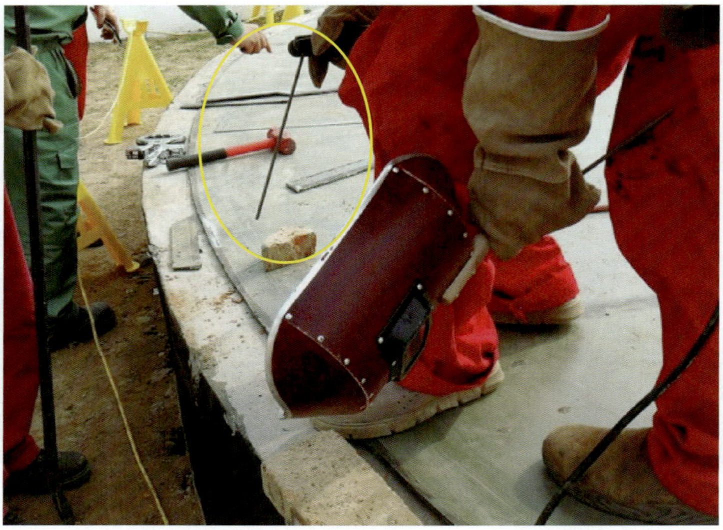

2021 年 5 月 12 日，某注采站消防水罐底板焊接现场，电焊工将焊条拿在手里，没有把焊条放在保温筒内随用随取。

违章描述	乙炔气瓶紧挨电焊机
判别依据	《焊接与切割安全》(GB 9448—1999)第 10.5.4 条：气瓶不得置于可能使其本身成为电路一部分的区域。气瓶必须远离电路排线等。

2021 年 9 月 15 日，某注采站建设施工现场，乙炔气瓶紧挨电焊机。

违章描述	用火点距氧气瓶、乙炔瓶间距不足
判别依据	《石油化工建设工程施工安全技术规范》（GB 50484—2008）第 3.6.19 条：立放气瓶应有防倒措施。第 3.6.14 条：气瓶的放置地点距明火不应小于 10m。作业场所氧气瓶与易燃气瓶间距不应小于 5m。

2021 年 8 月 4 日，某注采站建设施工现场，氧气瓶、乙炔瓶距动火点安全间距不够。

违章描述	焊把线搭在金属架上
判别依据	《焊接与切割安全》（GB 9448—1999）第 11.2.4 条：弧焊设备外露的带电部分必须设置完好的保护，以防人员或金属物体（如：货车、起重机吊钩等）与之相接触。

2021 年 10 月 22 日，某采油厂注水阀组改造现场，焊把线搭在金属架上。

违章描述	电焊机回路电缆接头处裸露
判别依据	《焊接与切割安全》（GB 9448—1999）第 11.4.3 条：焊机的电缆线应使用整根导线，尽量不带连接接头。需要接长导线时，接头处要连接牢固，绝缘良好。

2021 年 11 月 9 日，某施工用电焊机回路电缆接头处裸露。

违章描述	液化气瓶无防晒措施
判别依据	《气瓶使用安全管理规范》（Q/SY 1365—2011）第 4.3.3 条：气瓶的放置地点不得靠近热源，应防止曝晒、雨淋、水浸，环境温度超过 40℃时，应采取遮阳等措施降温。

2021 年 7 月 5 日，某注采站建设现场，液化气瓶距热源较近，且无防晒措施。

违章描述	气瓶无防晒措施，乙炔瓶无防倒措施
判别依据	《化学品生产单位特殊作业安全规范》（GB 30871—2014）第 5.2.9 条：使用气焊、气割动火作业时，氧气瓶与乙炔瓶间距不应小于 5m，两者与作业地点间距不应小于 10m，并应设置防晒设施。

2021 年 8 月 6 日，某采油厂作业现场，氧气瓶、乙炔瓶无防晒措施，乙炔瓶无防倒措施。

违章描述	氧气瓶、乙炔瓶未分开运输且无防滚动措施
判别依据	《电业安全工作规程》（GB 26164.1—2010）第 14.3.8 条：严禁把氧气瓶及乙炔瓶放在一起运送，也不准与易燃物品或装有可燃气体的容器一起运送。 《建设工程施工现场消防安全技术规范》（GB 50720—2011）第 6.3.3.2.1 条：气瓶运输时应保持直立状态，并采取防倾倒措施，乙炔瓶严禁横躺卧放。

2021 年 5 月 17 日，某采油厂计量站拆除注水阀组水泥板房，施工车辆拉运氧气瓶、乙炔瓶未分开，且未采取防护措施。

违章描述	气瓶无防滚动措施
判别依据	《气瓶使用安全管理规范》（Q/SY 1365—2011）第 4.2.1.3 条：气瓶应直立向上装在车上，妥善固定，防止倾斜、摔倒或跌落。

2021 年 7 月 6 日，某建设施工现场，氧气瓶卧放且无防止滚动措施。

违章描述	气瓶无防倾倒装置
判别依据	《石油化工建设工程施工安全技术规范》（GB 50484—2008）第 3.6.19 条：立放气瓶应有防倒措施。 《焊接与切割安全》（GB 9448—1999）第 10.5.4 条：气瓶在使用时必须稳固树立或装在专用车（架）或固定装置上。

2021 年 11 月 20 日，某整改装置区信号线现场，氧气瓶、乙炔瓶无防倾倒装置。

违章描述	氧气、乙炔管线与电焊机焊把线互相缠绕
判别依据	《石油工程建设施工安全规范》（SY/T 6444—2018）第 5.4.3. b）条：焊接电缆使用时，不应与氧气、乙炔软管等交叉缠绕，在经过通道、道路或穿过开孔或棱角时，应采取保护措施。

2021 年 5 月 6 日，某单位施工现场，氧气瓶、乙炔瓶无防倾倒装置，氧气、乙炔管线与电焊机焊把线互相缠绕。

违章描述	乙炔气瓶未配备专用扳手
判别依据	《焊接与切割安全》（GB 9448—1999）第 10.5.5.4 条：未配有手轮的气瓶，使用过程中必须在阀柄上备有把手、手柄或专用扳手，以便在紧急情况下可以迅速关闭气路。

2021 年 8 月 27 日，某注采站施工现场，工艺区 2 个乙炔瓶使用过程中未配备专用扳手。

违章描述	用火点附近未配备灭火器
判别依据	《焊接与切割安全》（GB 9448—1999）第 4.1.2 条：焊接和切割区域必须予以明确标明，并且应有必要的警告标志。第 6.4.1 条：在进行焊接及切割操作的地方必须配置足够的灭火设备。 《化学品生产单位特殊作业安全规范》（GB 30871—2014）第 5.2.1 条：动火作业应有专人监火，作业前应清除动火现场及周围的易燃物品，并配备消防器材，满足作业现场应急需求。

2021 年 10 月 19 日，某采油厂联合站分离器组装现场，用火点附近未配备灭火器。

违章描述	气割作业时气管线处于气割焊渣下方
判别依据	《焊接和切割安全》（GB 9448—1999）第 4.1.1 条：焊接设备、焊机、切割机具、钢瓶、电缆及其他器具必须放置稳妥并保持良好的秩序，使之不会对附近的作业或过往人员构成妨碍。

2022 年 2 月 7 日，某采油厂更换增注泵阀门现场，气割作业使用的气管线处于气割火花、焊渣喷溅覆盖范围内。

违章描述	高处用火作业无防飞溅措施
判别依据	《石油工程建设施工安全规程》（SY 6444—2010）第 7.4.6.d）条：在高处用火，下方周围应清除可燃物，不可移动可燃物应采取隔离措施，设专人监护。第 8.6.3 条：高处作业有火花溅落的地方应使用阻燃安全网。 《石油化工建设工程施工安全技术标准》（GB/T 50484—2019）第 3.3.10 条：高处作业动火时，应对周围存在的易燃物进行处理，并对其下方的可燃物、机械设备、电缆、气瓶等进行清理或采取可靠的防火措施，同时应采取防止火花飞溅坠落的安全措施。

2021 年 9 月 22 日，某建设现场，在压缩机房顶用火作业时未采取防止火花飞溅措施。

违章描述	用火作业无监护人、无警戒隔离
判别依据	《焊接与切割安全》（GB 9448—1999）第 4.1.2 条：焊接和切割区域必须予以明确标明，并且应有必要的警告标志。 《中国石化用火作业安全管理规定》第 2.4.4 条：用火监护人在用火过程中，不得随意离开现场，确需离开时，收回用火人的用火许可证，暂停用火。第 3.3.18 条：用火作业施工区域应设置警戒线。

2021 年 11 月 20 日，某压缩机放空出口管线弯头更换现场，现场无监护人、氮气瓶无防倾倒装置。

Dianqi zuoye pian

电气作业篇

电气作业是具备电气技术知识和经验的工作人员，在有触电危险的电气设施上或其近旁的作业。临时用电指在正式运行的电源上所接的非永久性用电。

电气作业时可能发生电击危险、电弧危害或因线路短路产生火花造成事故等，使人体遭受电击、电弧引起烧伤、电弧引起爆炸冲击受伤等。此外，电气事故还可能引发火灾、爆炸以及造成装置停电等危险。

违章描述	使用手电钻时未戴劳保手套
判别依据	《生产过程安全卫生要求总则》（GB/T 12801—2008）第 6.2.4 条：从业人员在作业过程中，应按照安全生产规章制度和劳动防护用品使用规则，正确佩戴和使用劳动防护用品；未按规定佩戴和使用劳动防护用品的，不得上岗作业。

2021 年 8 月 26 日，某注采站建设，施工人员手持电锤打墙未戴防护手套。

违章描述	接线鼻子未戴手套
判别依据	《生产过程安全卫生要求总则》（GB/T 12801—2008）第 6.2.4 条：从业人员在作业过程中，应按照安全生产规章制度和劳动防护用品使用规则，正确佩戴和使用劳动防护用品；未按规定佩戴和使用劳动防护用品的，不得上岗作业。

2021 年 6 月 26 日，某采油厂计量站增注泵更换电源线时，1 名施工人员接线鼻子未戴手套。

违章描述	操作配电箱未使用绝缘工具
判别依据	《石油化工工程临时用电配电箱安全技术规范》（SH/T 3556—2015）第8.1.2条：配电箱应由持证电工进行安装、操作和维护，作业时应按规定穿戴和配备好相应的劳动防护用品。

2021年5月14日，某单位施工建设现场，1名作业人员徒手操作配电箱，未使用绝缘工具。

违章描述	绝缘手套有油污
判别依据	《带电作业用绝缘手套》（GB/T 17622—2008）第8.3条：手套应储存在专用箱内，避免阳光直射，雨雪浸淋，防止挤压和尖锐物体碰撞。禁止手套与油、酸、碱或其他有害物质接触，并距离热源1m以上。

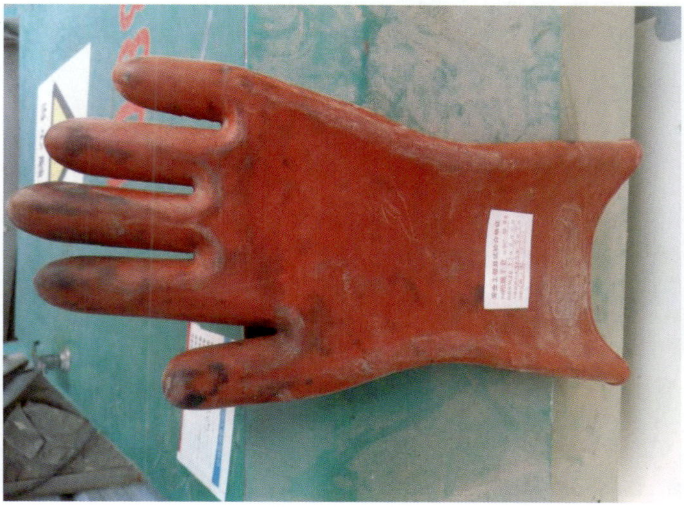

2022年10月28日，某采油厂采油管理区预制区配电箱上存放的绝缘手套有油污。

违章描述	动力柜、配电箱进出电缆未挂标示牌
判别依据	《施工现场临时用电安全技术规范》（JGJ 46—2005）第 8.1.6 条：配电箱、开关箱应装设端正、牢固。第 8.3.1 条：配电箱、开关箱应有名称、用途、分路标记及系统接线图。

2021 年 5 月 10 日，某注采站施工现场的动力柜、配电箱进出电缆未挂标示牌。

违章描述	高、低压控制室未配备应急灯
判别依据	《施工现场临时用电安全技术规范》（JGJ 46—2005）第 6.1.4.12 条：配电室的照明分别设置正常照明和事故照明。

2021 年 5 月 8 日，某建设现场，高、低压控制室未配备应急灯。

违章描述	临时配电箱不规范
判别依据	《石油化工工程临时用电配电箱安全技术规范》（SH/T 3556—2015）第8.3.5条：配电箱应专人负责管理，箱门外部明显位置宜标明管理负责人或维护电工联系电话，用电要求应标注在明显位置。

2022年2月8日，某作业队施工现场，配电箱未锁闭，且门上未喷涂电压等级。

违章描述	手持工具电缆有接头
判别依据	《施工现场临时用电安全技术规范》（JGJ 46—2005）第9.6.4条：手持式电动工具的负荷线应采用耐气候型的橡皮护套铜芯软电缆，并不得有接头。

2022年6月22日，某轻烃站火炬底座钢筋捆扎施工现场，建筑机械和手持式电动工具负荷线缆有接头。

违章描述	螺纹钢作接地桩
判别依据	《电气装置安装工程接地装置施工及验收规范》（GB 50169—2016）第4.1.4.1条：接地装置应采用热镀锌的角钢、钢管或圆钢。

2021年5月11日，某单位消防隐患治理施工现场，备用的配电箱使用螺纹钢作接地桩。

违章描述	高压验电器、绝缘棒检测过期
判别依据	《电力安全工器具预防性试验规程》（DL/T 1476—2015）第6.2.3.2条：验电器试验周期1年。第6.2.1.2条：绝缘操作杆试验周期1年。

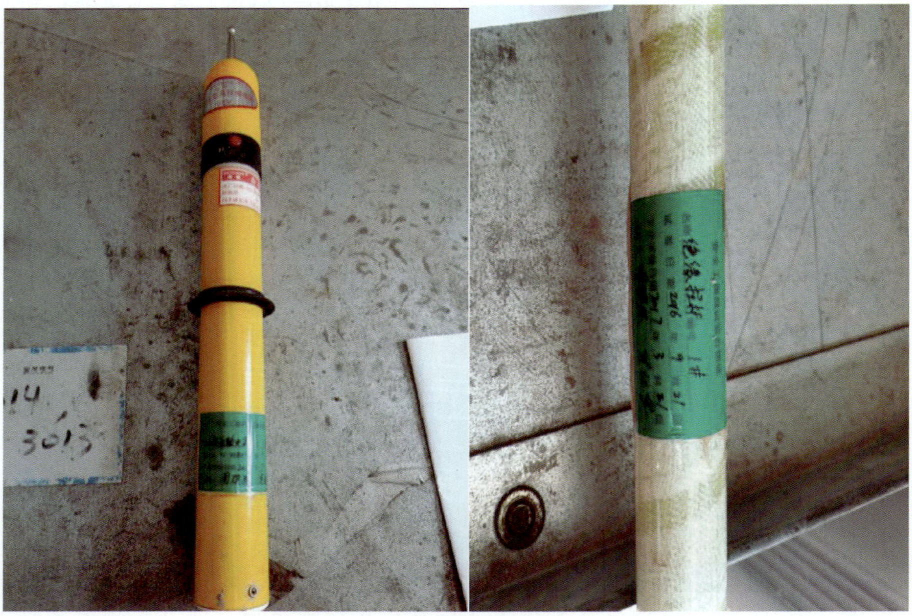

2021年5月10日，某建设现场，高压验电器和绝缘拉杆未定期检验；高压验电器、绝缘拉杆超期未做耐压试验。

违章描述	开关箱进线电缆与箱体直接接触、接地埋设深度不足
判别依据	《施工现场临时用电安全技术规范》（JGJ 46—2005）第 8.1.16 条：配电箱、开关箱的进、出线口应配置固定线卡，进出线应加绝缘护套并成束卡固在箱体上，不得与箱体直接接触。 《电气装置安装工程接地装置施工及验收规范》（GB 50169—2016）第 4.2.1 条：当无具体规定时，接地极顶面埋设深度不宜小于 0.8m。

2021 年 5 月 12 日，某注采站施工现场，木工房加工区开关箱，进线电缆与箱体直接接触、接地埋设深度不足。

违章描述	用电线路接地、敷设不规范
判别依据	《电气装置安装工程接地装置施工及验收规范》（GB 50169—2016）第 4.3.6 条：采用金属绞线作接地线引下时，宜采用压接端子连接。第 4.2.1 条：当无具体规定时，接地极顶面埋设深度不宜小于 0.8m。

2021 年 5 月 12 日，某注采站施工现场，办公平房东侧配电箱接地线缠绕连接，接地极埋设深度不足。

违章描述	施工用电不规范
判别依据	《建设工程施工现场供用电安全规范》（GB 50194—2014）第6.3.8条：配电箱内断路器相间绝缘隔板应配置齐全；防电击护板应阻燃且安装牢固。第6.3.11条：配电箱内的导线与电器元件的连接应牢固、可靠。

2022年6月5日，某轻烃站球罐施工现场，配电箱空气开关上侧电缆缠绕接电，未使用线鼻子；开关下侧隔弧板缺失。

违章描述	使用棉毡封堵电缆进出口
判别依据	《抽油机电器控制箱安装及运行维护规范》（Q/SH 1025 0926—2014）第4.10条：电源电缆及出线电缆自箱体下底面进出，箱底电缆孔胶皮护圈应完好。

2022年7月12日，某采油厂井场电机启动柜使用棉毡封堵电缆进出口。

违章描述	电缆未固定
判别依据	《石油工程建设施工安全规范》(SY/T 6444—2018)第 5.4.4 条：高处焊接作业时，电焊机二次线应与脚手架绝缘并绑牢。

2021 年 5 月 18 日，某注采站施工现场，消防水罐工地电缆搭设在栏杆上未固定。

违章描述	电缆线敷设在地面无防护
判别依据	《石油工程建设施工安全规范》(SY/T 6444—2018)第 5.4.3 条：电源线和二次线不应与钢丝绳、气瓶接触，不应与氧气、乙炔软管等交叉缠绕；在经过通道、道路或穿过开孔或棱角处时，应采取保护措施。

2021 年 5 月 18 日，某注采站施工现场，消防水罐工地电缆线敷设在地面上无防护。

违章描述	配电箱临边摆放
判别依据	《施工现场临时用电安全技术规范》(JGJ 46—2005)第 8.1.8 条：配电箱、开关箱应装设端正、牢固。

2021 年 6 月 22 日，某单位工程施工现场，1 台配电箱临边放置，使用的梯子与地面夹角不在安全范围内。

违章描述	停用未断电
判别依据	《施工现场临时用电安全技术规范》(JGJ 46—2005)第 8.3.6 条：施工现场停止作业 1 小时以上时，应将动力开关箱断电上锁。

2021 年 7 月 22 日，某单位工程施工现场，停用的木工加工配电箱未断电。

违章描述	施工现场电线裸露
判别依据	《用电安全导则》(GB/T 13869—2017)第 5.1.2 条：电气线路应具有足够的绝缘强度、机械强度和导电能力，其安装应符合相应产品标准规定。

2021 年 7 月 24 日，某采油厂项目改造施工现场，存在影响安全施工的电线且线头裸露。

违章描述	手电钻无保护
判别依据	《石油化工建设工程施工安全技术标准》(GB/T 50484—2019)第 4.4.4 条：用电设备应执行“一机一闸一保护”的规定。不得一个开关控制两台(条)及以上用电设备(线路)。

2021 年 8 月 2 日，某施工现场，临时用手电钻未做到“一机一闸一保护”。

违章描述	配电箱门未锁闭
判别依据	《石油化工建设工程施工安全技术标准》（GB/T 50484—2019）第 4.4.19 条：配电箱、开关箱内的电器配置和接线不得随意改动，总配电箱、分配电箱正常工作时应加锁，开关箱停止工作超过 1 小时应断电、上锁。

2021 年 8 月 8 日，某注采站建设现场，配电箱门未锁闭。

违章描述	配电柜下进出线口未封堵
判别依据	《低压配电设计规范》（GB 50054—2011）第 4.2.1 条：落地式配电箱的底部应抬高，高出地面的高度室内不应低于 50mm，室外不应低于 200mm；其底座周围应采取封闭措施，并应能防止鼠、蛇类等小动物。

2021 年 8 月 10 日，某办公楼装修现场，使用的配电柜下进出线口未封堵。

违章描述	配电箱无编号、箱体倾斜、电缆与金属搭接
判别依据	《中国石化临时用电作业安全管理规定》第 3.2.2.7 条：现场临时用电配电箱应有电压标识和危险标识，阴沟编号和防御措施，离地距离不少于 30cm。 《施工现场临时用电安全技术规范》（JGJ 46—2005）第 7.2.9 条：架空电缆严禁沿脚手架、树木或其他设施敷设。第 8.1.8 条：配电箱、开关箱应装设端正、牢固。

2021 年 8 月 23 日，某建设现场，临时用电三级配电箱无编号，多处配电箱倾斜不稳，电缆与金属搭接无防护措施。

违章描述	配电箱接地线未使用
判别依据	《施工现场临时用电安全技术规范》（JGJ 46—2005）第 5.3.2 条：TN 系统中的保护零线除必须在配电室或总配电箱处做重复接地外，还必须在配电系统的中间和末端处做重复接地。

2021 年 8 月 25 日，某建设现场，水泥搅拌机临时用电配电箱接地线未使用。

违章描述	停工未断电、上锁
判别依据	《施工现场临时用电安全技术规范》(JGJ 46—2005) 第 8.3.6 条：施工现场停止作业 1 小时以上时，应将动力开关箱断电上锁。

2021 年 8 月 26 日，某注采站夜间停工期间，空冷机房内部分配电箱未断电，箱门未上锁。

违章描述	临时用电线路敷设不规范
判别依据	《建设工程施工现场供用电安全规范》(GB 50194—2014) 第 7.4.2 条：沿地面明敷的电缆线路应沿建筑物墙体根部敷设，穿越道路或其他易受机械损伤的区域，应采取防机械损伤的措施，周围环境应保持干燥。

2021 年 7 月 27 日，某建设现场，临时用电线路用支墩敷设，跨越人行通道未采取埋地或架空等防护措施。

违章描述	配电箱开关编号模糊不清
判别依据	《建设工程施工现场供用电安全规范》（JGJ 46—2005）第 6.3.18 条：配电箱应有名称、编号、系统图及分路标记。

2022 年 7 月 12 日，某单位工程建设现场，配置的配电箱开关编号模糊不清。

违章描述	接地线使用缠绕方式连接
判别依据	《建设工程施工现场供用电安全规范》（GB 50194—2014）第 8.1.11 条：用电设备的保护导体（PE）不应串联连接，应采用焊接、压接、螺栓连接或其他可靠方法连接。

2022 年 7 月 13 日，某采油厂联合站储罐阀组改配套设施现场，发电机及用电设备的临时接地线使用缠绕方式连接。

违章描述	漏保试验功能失效
判别依据	《剩余电流动作保护装置安装和运行》（GB/T 13955—2017）第 7 条：RCD 投入运行后，应定期操作试验按钮，检查其动作特性是否正常。

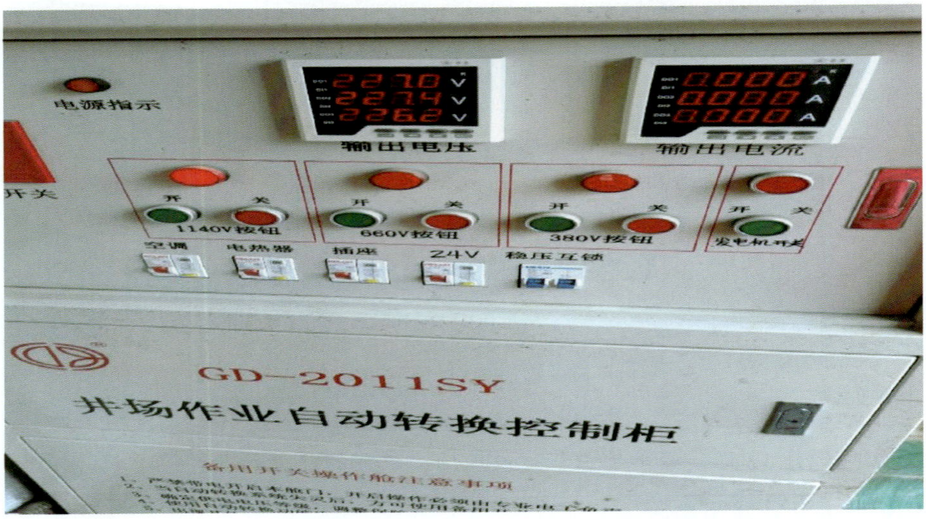

2022 年 7 月 13 日，某作业队作业区，照明漏电开关漏保试验功能失效。

违章描述	干式变电源未设置信号保护装置
判别依据	《用电安全导则》（GB/T 13869—2017）第 5.2.1 条：任何用电产品在运行过程中，应有必要的监控或监视措施；用电产品不允许超负荷运行。

2022 年 7 月 18 日，某作业队作业区干式变电源未设置信号保护装置。

违章描述	使用中的临时用电开关箱锁闭
判别依据	《施工现场临时用电安全技术规范》（GJG 46—2005）第 8.3.6 条：施工现场停止作业 1 小时以上时，应将动力开关箱断电上锁。

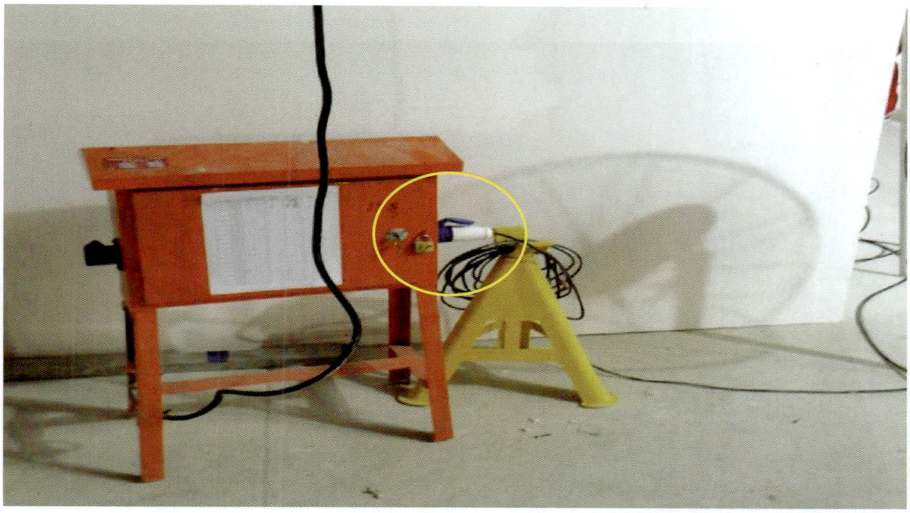

2022 年 7 月 28 日，某单位施工现场，使用中的临时用电开关箱锁闭。

违章描述	配电箱电气连接不规范
判别依据	《电气设备安全设计导则》（GB/T 25295—2010）第 5.2.4.1.2 条：接地端子必须用螺纹紧固件连接。

2022 年 8 月 3 日，某单位食堂，配电箱 PE 端子板未与金属电器安装板做电气连接。

违章描述	电涌保护器击穿
判别依据	《建筑电气与智能化通用规》(GB 55024—2022)第 2.0.8 条：建筑电气工程和智能化系统工程中采用的电气设备和电线电缆，应为符合相应产品标准的合格产品。

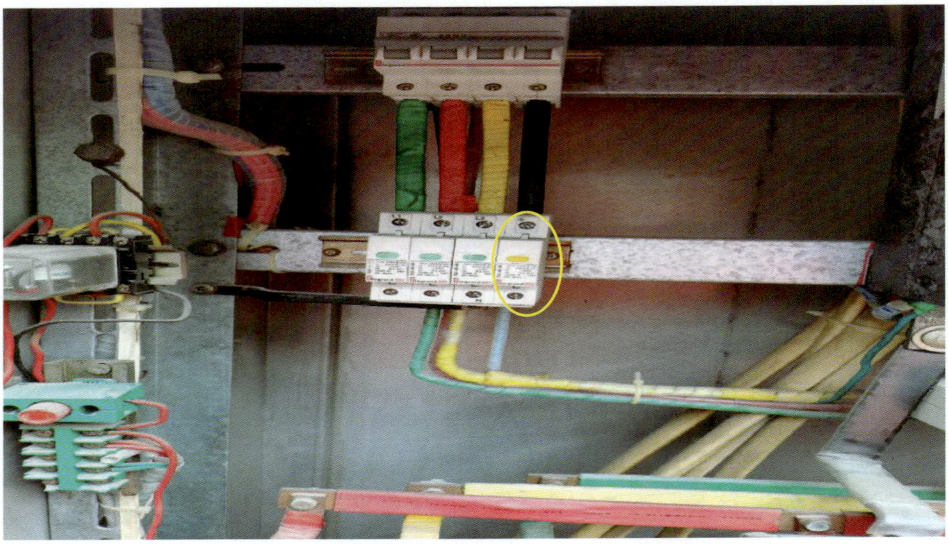

2022 年 8 月 18 日，某单位配电柜，电涌保护器击穿 1 支。

违章描述	电缆盘圈使用不规范
判别依据	《电力工程电缆设计标准》(GB 50217—2018)第 5.1.1 条：满足安全要求的条件下，应保证电缆路径最短。

2022 年 8 月 8 日，某作业队起油管施工现场，风扇电缆盘圈使用不规范。

违章描述	未使用专用接线卡扣
判别依据	《低压电气装置安装工程电器施工及验收规范》（GB 50254—2014）第3.0.12条：电器的接线应采用有金属防锈层或铜质的螺栓和螺钉，并应有配套的防松装置，连接时应拧紧。

2022年8月27日，某采油厂计量站外，安装调驱设备时，施工人员连接搅拌电机电源线未使用专用接线卡扣，线头未做搪锡处理。

违章描述	接地体埋深不足0.6m
判别依据	《油田企业电力安全工作规程》（Q/SH 0523.2—2013）第6.4.10条：临时接地体埋深不应小于0.6m。

2022年9月3日，某施工现场，1台电焊机接地体埋深不足0.6m。

违章描述	过路电缆未保护
判别依据	《中国石化临时用电作业安全管理规定》第 3.2.2.6 条：对需要埋地敷设的电缆线路应设“走向标志”和“安全标志”。电缆埋地深度不应小于 0.7m，穿越公路时应加设防护套管。

2021 年 6 月 21 日，某建设现场，使用的电线电缆敷设在行车道路地表，未架空或穿管（掩埋）保护。

违章描述	临时用电线路未架设
判别依据	《施工现场临时用电安全技术规范》（JGJ 46—2005）第 7.1.2 条：架空线必须架设在专用电杆上，严禁架设在树木、脚手架及其他设施上。

2021 年 6 月 15 日，某污水站施工现场，用电线路搭设在铁管上。

违章描述	电缆从铁门缝处引出
判别依据	《低压配电设计规范》（GB 50054—2011）第 7.1.2（1）条：配电线路的敷设环境，应防止外部的机械性损害。

2021 年 8 月 10 日，某建设现场，配电房接出的电缆由铁门处引出。

违章描述	配电箱门前堆放杂物
判别依据	《用电安全导则》（GB/T 13869—2017）第 5.1.1 条：一般条件下，用电产品的周围应留有足够的安全通道和工作空间，且不应堆放易燃、易爆和腐蚀性物品。

2021 年 8 月 19 日，某建设现场，一个在用的二级配电箱门前堆放杂物，且无安全通道和操作空间。

违章描述	电压等级混用
判别依据	《用电安全导则》（GB/T 13869—2017）第 5.2.1 条：正确选用用电产品的规格形式、容量和保护方式；用电产品不允许超负荷使用。

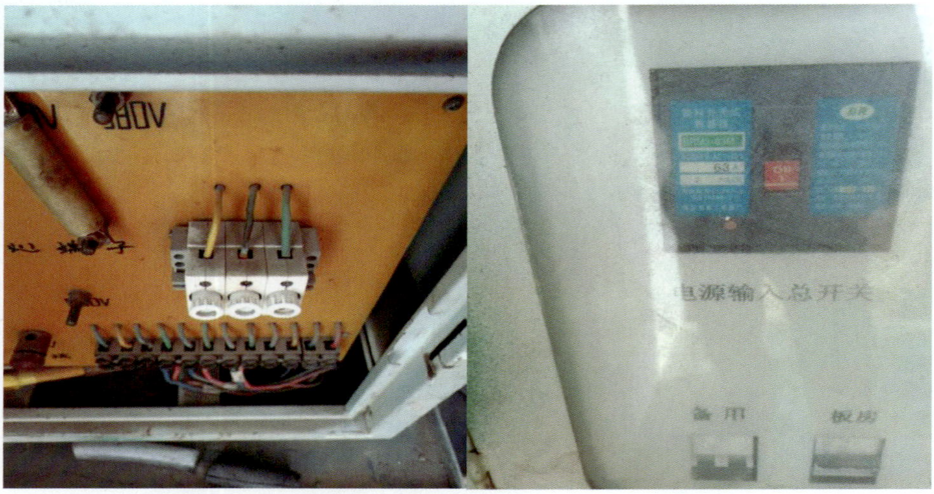

2022 年 4 月 5 日，某油井作业现场，干式变控制柜中相保险导线有烧糊迹象、电源输入总开关 380V、660V 和 1140V 三个电压等级，混用一个型号塑壳断路器。

违章描述	电线槽板未完全封堵
判别依据	《1kV 及以下配线工程施工与验收规范》（GB 50575—2010）第 4.1.6 条：敷设在潮湿或多尘场所，导管关口、盒（箱）盖板及其他各连接处均应密封。

2022 年 1 月 29 日，某单位锅炉房电线未完全封堵。

违章描述	临时用电线路缠绕在金属框架上
判别依据	《施工现场临时用电安全技术规范》（JGJ 46—2005）第 7.2.9 条：架空电缆严禁沿脚手架、树木或其他设施敷设。

2021 年 8 月 27 日，某注采站施工现场，临时用电线路缠绕在金属框架上。

违章描述	配电箱用电线路安装凌乱
判别依据	《施工现场临时用电安全技术规范》（JGJ 46—2005）第 8.1.15 条：配电箱、开关箱中的进线口和出线口应设在箱体的下底面。

2021 年 8 月 27 日，某注采站施工现场，工艺区一台电焊机电源线未从配电箱出线口连接，而从箱门侧面直接接入，导致箱门无法关闭。

违章描述	配电箱未接地
判别依据	《中国石化临时用电作业安全管理规定》第 3.2.1.4 条：临时用电设备和线路应按供电电压等级和容量正确使用，所用电气元件应符合国家、行业规范标准要求；临时用电电源施工、安装应符合《建设工程施工现场供用电安全规范》（GB 50194）的有关要求，并接地良好。

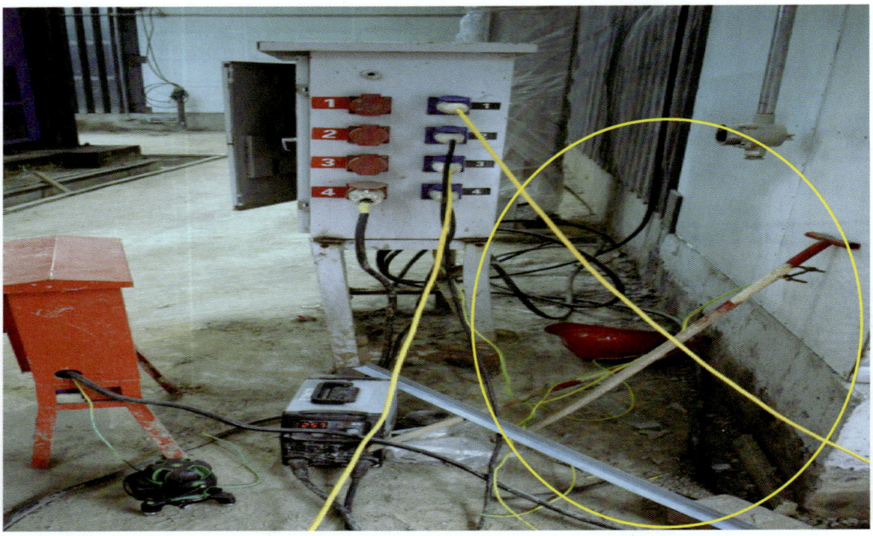

2021 年 8 月 28 日，某建设施工现场，压缩机空冷器间使用三级配电箱未接地。

违章描述	临时用电线路敷设不合格
判别依据	《施工现场临时用电安全技术规范》（JGJ 46—2005）第 7.1.2 条：架空线必须架设在专用电杆上，严禁架设在树木、脚手架及其他设施上。

2021 年 8 月 28 日，某建设施工现场，注采气工艺模块区临时用电线路敷设在铁质格栅板上。

违章描述	电缆线路浸泡在水中
判别依据	《石油化工建设工程施工安全技术规范》（GB 50484—2019）第 4.3.5 条：除通过道路以外，施工电缆不得沿地面直接敷设，不得浸泡在水中。

2021 年 9 月 19 日，某施工现场，3 个二级配电箱处的电缆浸泡在水中。

违章描述	停用配电箱未断电、上锁
判别依据	《施工现场临时用电安全技术规范》（JGJ 46—2005）第 8.3.6 条：施工现场停止作业 1 小时以上时，应将动力开关箱断电上锁。

2021 年 9 月 19 日，某注采站空压机房内，停用的配电箱未断电、上锁。

违章描述	开关箱内堆放杂物
判别依据	《施工现场临时用电安全技术规范》(JGJ 46—2005)第 8.3.8 条：配电箱、开关箱内不得放置任何杂物，并应保持整洁。

2021 年 9 月 20 日，某注采站压缩机房的开关箱内堆放杂物。

违章描述	电缆无防火花损伤措施
判别依据	《石油化工建设工程施工安全技术标准》(GB/T 50484—2019)第 4.3.11 条：在施工电缆敷设路径上方或边上的明火作业，应采取防止火花损伤电缆的措施。

2021 年 11 月 20 日，管线弯头更换现场，施工人员在带电电缆上方，使用手砂轮实施打磨作业，无防止火花损伤电缆的措施。

违章描述	电缆破损
判别依据	《中国石化临时用电作业安全管理规定》第 3.2.2.3 条：临时用电线路及设备应有良好的绝缘。

2021 年 8 月 31 日，某注采站施工现场，离子切割机临时用电电缆破损，包扎不严。

违章描述	配电箱进线无护套
判别依据	《施工现场临时用电安全技术规范》（JGJ 46—2005）第 8.1.16 条：配电箱、开关箱的进、出线口应配置固定线卡，进出线应加绝缘护套并成束固在箱体上。

2021 年 9 月 16 日，某注采站施工现场，试压配电箱进线无护套。

违章描述	配电箱未定期检查
判别依据	《施工现场临时用电安全技术规范》（JGJ 46—2005）第 8.3.3 条：配电箱、开关箱应定期检查、维修。

2021 年 11 月 10 日，某施工现场，使用的配电箱未定期检查（检查表上记录至 2021 年 11 月 6 日）。

违章描述	带电场所使用铁皮警示标志牌
判别依据	《油田企业电力安全工作规程 第 4 部分：安全标识》（Q/SH 05234—2013）第 4.2.5 条：标志牌应采用坚固耐用的材料制作，有触电危险的作业场所应使用绝缘材料。

2022 年 2 月 20 日，某采油厂油井更换光杆现场，配电箱上使用铁皮警示标志牌。

Diaozhuang zuoye pian

吊装作业篇

吊装是指吊车或者起升机构对设备的安装、就位的统称，在检修或维修过程中利用各种吊装机具将设备、工件、器具、材料等吊起，使其发生位置变化。

由于作业现场具有不确定性，存在室外作业、交叉作业、夜间作业、高空作业等情况，不同作业存在不同风险：

1. 室外作业，由于天气变化等因素，可能存在大风、雷雨、大雾等天气继续施工的，影响起重作业人员思维和判断，指挥信号不清楚等，造成起重伤害。

2. 交叉作业，如果未及时采取防范隔离措施，未与交叉作业人员协商一致，极易造成物体打击、起重伤害事故。

3. 夜间施工，由于照明不足，起重作业人员疲劳等因素，容易引起起重伤害事故。

4. 高空作业，若安全防护措施不到位，易发生高处坠落、物体打击等事故。

违章描述	起吊减速箱时挂点错误
判别依据	《起重机械安全规程第 1 部分：总则》（GB 6067.1—2010）第 17.2.3.b）：物品要通过吊索或其他有足够承载能力的装置挂在吊钩上。

2021 年 5 月 31 日，某采油厂油井更换减速箱，起吊减速箱时挂点错误。

违章描述	吊钩无防脱装置
判别依据	《起重机械安全规程第 1 部分：总则》（GB 6067.1—2010）第 4.2.2.3 条：当使用条件或操作方法会导致重物意外脱钩时，应采用防脱绳带闭锁装置的吊钩。 《起重机安全使用第 1 部分：总则》（GB/T 23723.1—2009）第 12.1.3 条：为防止空载的吊具从吊钩上脱落，吊钩应带有安全锁或其他有效装置。 《石油化工建设工程施工安全技术标准》（GB/T 50484—2019）第 5.2.40 条：吊钩的防脱钩装置应齐全完好，无防脱钩装置时应将钩头加封。

2021 年 7 月 15 日，某建设现场，装卸吸水砖施工时吊钩无防脱销。

违章描述	吊车支腿不平稳
判别依据	《汽车起重机安全操作规程》（DL/T 5250—2010）第 4.3.4 条：作业中应随时观察支腿座下地基，发现地基下沉、塌陷时，应立即停止作业及时处理。

2021 年 7 月 15 日，某建设施工现场，吊装架构钢梁施工吊车支腿地基下沉。

违章描述	安全防护装置不全
判别依据	《汽车起重机安全操作规程》(DL/T 5250—2010)第 4.1.10 条：对安全保护装置应做定期检查、维护保养，起重机上配备的安全限位、保护装置，应齐全、灵敏、可靠，严禁擅自调整、拆修。

2021 年 7 月 25 日，某采油厂油井换减速箱施工现场，豫 J16093 吊车未装设水平仪。

违章描述	起重机支腿未伸出到位
判别依据	《汽车起重机安全操作规程》(DL/T 5250—2010)第 4.3.2 条：按顺序定位伸展支腿，在支腿座下铺垫垫块，调节支腿使起重机呈水平状态，其倾斜度满足设备技术文件规定，并使轮胎脱离地面。

2021 年 5 月 22 日，某注采站建设施工现场，豫 J62015 汽车起重机吊装作业时，一侧支腿未伸出到位。

违章描述	吊车枕木未捆扎
判别依据	《建筑施工起重吊装工程安全技术规范》(JGJ 276—2012)第 4.1.5 条：作业时应将支腿部伸出，并支垫牢固。调整支腿应在无载荷时进行，并将起重臂全部缩回转至正前或正后，方可调整。作业过程中发现支腿沉陷或其他不正常情况时，应立即放下吊物，进行调整后，方可继续作业。

2021 年 7 月 5 日，某站内管廊支架组装现场，吊车支腿枕木两端未按要求用铁丝或者扁铁捆绑。

违章描述	在支腿未收的情况下移动吊车
判别依据	《汽车起重机安全操作规程》(DL/T 5250—2010)第 4.4.19 条：起重作业完成后，收回起重臂并固定牢靠，按规定收回支腿并锁定，锁定回转、断开取力器后方可行驶。

2021 年 7 月 15 日，某采油厂更换多功能罐施工时，在吊装作业未完成，吊车支腿未收的情况下移动吊车。

违章描述	吊车支腿未垫平
判别依据	《汽车起重机安全操作规程》（DL/T 5250—2010）第 4.3.4 条：作业中应随时观察支腿座下地基，发现地基下沉、塌陷时，应立即停止作业及时处理。

2021 年 7 月 30 日，某施工现场，施工用吊车支腿未垫平。

违章描述	单点起吊
判别依据	《化学品生产单位特殊作业安全规范》（GB 30871—2014）第 9.2.10.g）.3）条：重物捆绑不牢，吊挂不平衡，棱角吊物与钢丝绳之间没有衬垫的不应起吊。 《中国石化起重作业安全管理规定》第 3.5.7 条：除具有特殊结构的吊物外，严禁单点捆绑起吊。

2021 年 6 月 30 日，某钢结构横梁安装过程中，存在单点捆绑起吊现象。

违章描述	吊物捆扎不牢
判别依据	《化学品生产单位特殊作业安全规范》（GB 30871—2014）第 9.2.10.g）.3）条：重物捆绑不牢，吊挂不平衡，棱角吊物与钢丝绳之间没有衬垫的不应起吊。第 9.2.11 条：吊物捆绑应牢靠，吊点和吊物的重心应在同一垂直线上；起升吊物时应检查其连接点是否牢固、可靠；吊运零散件时，应使用专门的吊篮、吊斗等器具，吊篮、吊斗等不应装满。

2021 年 6 月 27 日，某单位公寓楼维修项目现场，吊装管材捆扎散乱。

违章描述	吊索捆绑在闸门手轮上
判别依据	《石油化工建设工程施工安全技术标准》（GB/T 50484—2019）第 8.3.7 条：对于吊装阀门，不得将绳扣捆绑在阀门的手轮上，且不得将阀门手轮作为人员高处作业的立足点。

2022 年 1 月 17 日，某采油厂中转站吊装增注泵闸门时，吊索捆绑在闸门手轮上。

违章描述	使用不合格手动葫芦
判别依据	《石油化工建设工程施工安全技术标准》(GB/T 50484—2019)第 5.2.1 条：葫芦使用前应进行检查，并符合下列规定：转动部分应灵活，无卡链现象；链条无损坏，销子应牢固；吊钩防脱钩装置应良好，制动器有效。

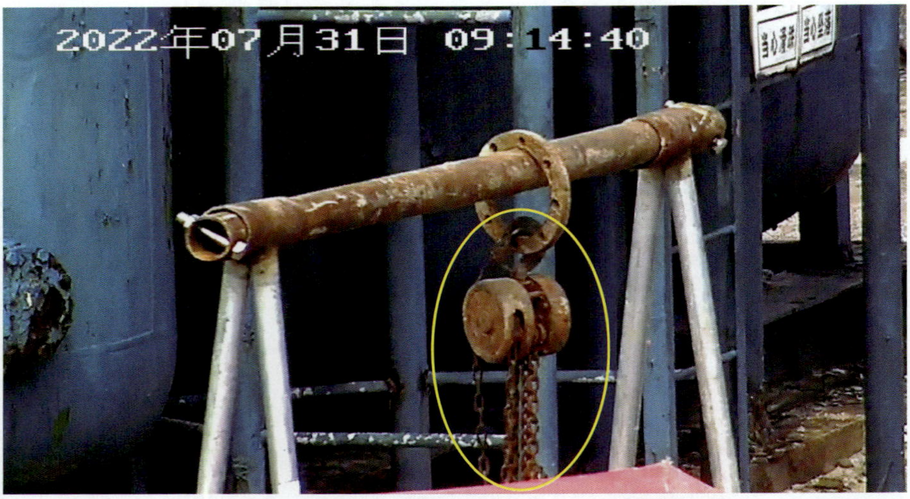

2022 年 7 月 31 日，某采油厂污水站加压泵至滤罐管线施工，施工人员使用的手动葫芦锈蚀，倒链扭结。

违章描述	未使用牵引绳
判别依据	《化学品生产单位特殊作业安全规范》(GB 30871—2014)第 9.2.11 条：起吊重物就位时，应与吊物保持一定的安全距离，用牵引绳或撑竿、钩子辅助其就位。

2021 年 6 月 17 日，某单位施工作业现场，起重作业未使用牵引绳或撑杆。

违章描述	手扶吊物
判别依据	《化学品生产单位特殊作业安全规范》（GB 30871—2014）第 9.2.11 条：起吊重物就位时，应与吊物保持一定的安全距离，用牵引绳或撑竿、钩子辅助其就位。

2021 年 5 月 24 日，某单位型材装车现场，操作人员手扶吊物。

违章描述	吊车支腿垫板倾斜、轮胎未脱离地面
判别依据	《汽车起重机安全操作规程》（DL/T 5250—2010）第 4.3.2 条：按顺序定位伸展支腿，在支腿座下铺垫垫块，调节支腿使起重机呈水平状态，其倾斜度满足设备技术文件规定，并使轮胎脱离地面。

2021 年 8 月 4 日，某注采站建设施工现场，起重作业吊车支腿垫板倾斜、轮胎未脱离地面。

违章描述	支腿垫板窄、未捆绑
判别依据	《汽车起重机安全操作规程》(DL/T 5250—2010)第 4.3.4 条：作业中应随时观察支腿座下地基，发现地基下沉、塌陷时，应立即停止作业及时处理。

2021 年 8 月 5 日，某注采站建设施工现场，两辆汽车起重机作业吊车支腿垫板窄、未捆绑。

违章描述	垫木开裂
判别依据	《汽车起重机安全操作规程》(DL/T 5250—2010)第 4.3.4 条：作业中应随时观察支腿座下地基，发现地基下沉、塌陷时，应立即停止作业及时处理。

2021 年 8 月 7 日，某施工现场，吊装吸音墙板时，吊车千斤支腿垫板开裂。

违章描述	斜拉斜吊
判别依据	《中国石化起重作业安全管理规定》第 3.5.3 条：吊物捆绑应牢靠，吊点与吊物的重心应在同一垂直线。

2021 年 8 月 19 日，某建设现场，起重作业斜吊。

违章描述	吊车支腿未垫垫木
判别依据	《汽车起重机安全操作规程》（DL/T 5250—2010）第 4.3.2 条：按顺序定位伸展支腿，在支腿座下铺垫垫块，调节支腿使起重机呈水平状态，其倾斜度满足设备技术文件规定，并使轮胎脱离地面。

2022 年 7 月 9 日，某作业队油井回收液压封井器，吊车支腿未垫垫板。

<table>
<tr><td>违章描述</td><td>吊钩闭锁装置缺失</td></tr>
<tr><td>判别依据</td><td>《环链电动葫芦》(JB/T 5317—2016)第 5.4.2 条：在吊钩组醒目处应标示额定起重量。起重吊钩应设置钩口闭锁装置。</td></tr>
<tr><td colspan="2">
2022 年 10 月 4 日，某轻烃储运站火炬系统隐患治理项目施工现场，火炬筒体提升焊接使用的 20 个电动葫芦部分吊钩无闭锁装置。</td></tr>
<tr><td>违章描述</td><td>举升机超载使用</td></tr>
<tr><td>判别依据</td><td>《中国石化起重作业安全管理规定》第 3.5.2 条：根据重物情况选择合适的吊具与吊索；不准用吊钩直接缠绕重物，不得将不同种类或不同规格的吊索、吊具混合使用；吊具承载不得超过额定起重量，吊索不得超过安全负荷；起升吊物时应检查连接点是否牢固、可靠。</td></tr>
<tr><td colspan="2">
2021 年 9 月 9 日，某单位库房顶外包层安装现场，施工人员超载使用举升机吊篮，吊运人和施工物料（额定 2 人，实际 3 人）。</td></tr>
</table>

违章描述	起重吊装作业未使用溜绳
判别依据	《石油化工建设工程施工安全技术标准》(GB/T 50484—2019)第 5.1.8 条：吊装过程中工件应设溜绳，避免工件在吊装过程摆动、旋转。

2021 年 9 月 30 日，某作业队搬家作业，使用吊车吊运设备时未使用溜绳。

违章描述	吊钩无防脱舌
判别依据	《建筑施工安全检查标准》(JGJ 59—2011)第 3.17.3 条第 4 款：吊钩应安装钢丝绳防脱钩装置并应完好可靠，吊钩的磨损、变形应在规定范围内。 《起重机械安全规程》(GB/T 6067—2010)第 2.1.3 条：吊钩宜设有防止吊重意外脱钩的保险装置。 《中国石化起重作业安全管理规定》第 3.4.4 条：在制动器、安全装置失灵、吊钩防松装置损坏、钢丝绳损伤达到报废标准等起重设备、设施处于非完好状态时，禁止起重操作。

2021 年 10 月 19 日，某采油厂单井油管吊装现场，使用的吊车吊钩无防脱舌。

违章描述	手拉葫芦吊点挂在工艺管线上
判别依据	《石油化工建设工程施工安全技术标准》（GB/T 50484—2019）第 5.2.3 条：手拉葫芦吊挂点承载能力不得低于 1.05 倍的手拉葫芦额定载荷，且牢固可靠。

2021 年 10 月 22 日，某注采站施工现场，手拉葫芦吊点挂在工艺管线上进行吊装作业。

违章描述	吊车副钩只有一个绳卡
判别依据	《石油化工建设工程施工安全技术标准》（GB/T 50484—2019）第 5.2.41 条：绳卡宜选用马鞍形，绳夹数量不少于 3 个。

2022 年 1 月 27 日，某采油厂试气作业现场，豫 J25601 吊车副钩钢丝绳只有一个绳卡。

违章描述	吊装带破损
判别依据	《石油化工建设工程施工安全技术标准》(GB/T 50484—2019)第 5.2.26 条：吊装带使用前应对外观进行检查，有破损的吊装带不得使用。

2022 年 3 月 31 日，某单位气举站设备拆除施工，入场吊装带破损。

违章描述	手拉葫芦卡扣销损坏
判别依据	《石油化工建设工程施工安全技术标准》(GB/T 50484—2019)第 5.2.1.(2)条：链条无损坏，销子应牢固。

2021 年 8 月 11 日，某管廊上敷设管材时，使用的手拉葫芦卡扣销损坏。

违章描述	吊钩无防松装置
判别依据	《中国石化起重作业安全管理规定》第 3.4.4 条：在制动器、安装装置失灵、吊钩防松装置损坏、钢丝绳损伤达到报废标准等起重设备、设施处于非完好状态时，禁止起重操作。

2021 年 6 月 29 日，某储气库建设项目，施工所用打桩机吊钩无防松装置。

违章描述	吊车无限位器
判别依据	《中国石化起重作业安全管理规定》第 3.2.2.10 条：在制动器、安全装置失灵、吊钩防松装置损坏、钢丝绳损伤达到报废标准等起重设备、设施处于非完好状态时，禁止吊装操作。

2021 年 10 月 26 日，某采油厂原油储罐维修现场，罐壁板吊装使用的豫 J5207Q 吊车无限位器。

违章描述	吊臂长时间未收回
判别依据	《中国石化起重作业安全管理规定》第 2.5.6 条：停工或休息时，不得将吊物、吊笼、吊具和吊索悬吊在空中。

2021 年 11 月 11 日，某采气厂集气站发球筒直管段流程拆除及恢复时，吊装作业停工期间吊臂长时间（14：50−15：20）悬在空中没有收回。

违章描述	钢丝绳绳夹数量和间距不足
判别依据	《石油化工建设工程施工安全技术标准》（GB/T 50484—2019）第 5.2.41 条：绳卡宜选用马鞍形，绳夹数量不少于 3 个。

2021 年 12 月 2 日，某单位作业现场使用的豫 J83208 吊车，小钩吊索钢丝绳绳夹数量和间距不足。

违章描述	未对吊篮进行试验
判别依据	《石油工程建设施工安全规范》(SY/T 6444—2018)第 5.11.17.b)条：吊篮使用前，应进行起重机械的制动器、控制器、限位器、离合器、钢丝绳、滑轮组及配电等项检查，并应对吊篮进行 1.5 倍负荷的升降和定位试验，确认安全可靠后方可使用。

2021 年 12 月 2 日，某单位进行高处拆除作业时，使用的吊篮未进行试验。

违章描述	千斤腿地基下陷
判别依据	《汽车起重机安全操作规程》(DL/T 5250—2010)第 4.3.4 条：作业中应随时观察支腿座下地基，发现地基下沉、塌陷时，应立即停止作业及时处理。

2021 年 12 月 29 日，某采油厂油井更换减速箱时，吊车左后千斤腿地基下陷，未及时调整。

违章描述	起重作业多人指挥
判别依据	《中国石化起重作业安全管理规定》第 3.2.2.1 条：吊装作业时必须明确指挥人员，指挥人员应佩戴明显的标志。

2021 年 5 月 11 日，某气体处理厂更换干燥塔分子筛时，干燥塔上部多名施工人员指挥。

违章描述	起重指挥人员未佩戴明显标志
判别依据	《中国石化起重作业安全管理规定》第 3.3.1 条：起重作业时必须明确指挥人员，指挥人员应佩戴明显的标志。

2021 年 7 月 2 日，某采油厂给油井抽油机更换光杆施工中，指挥人员未佩戴明显的标志。

违章描述	起重作业无人指挥
判别依据	《中国石化起重作业安全管理规定》第 3.3.1 条：起重作业时必须明确指挥人员，指挥人员应佩戴明显的标志。

2021 年 7 月 29 日，某作业队油管卸车过程中，现场无起重指挥人员。

违章描述	吊车旋转部位无警示标志
判别依据	《起重机安全规程 第 1 部分：总则》（GB 6067.1—2010）第 10.1.4 条：应在起重机的合适位置或工作区域设有明显可见的文字安全警示标志。

2022 年 2 月 16 日，某采油厂油井施工现场，使用的吊车旋转部位未设置警示标志。

<table>
<tr><td>违章描述</td><td>吊车空载行走时吊钩未挂牢固定</td></tr>
<tr><td>判别依据</td><td>《石油化工建设工程施工安全技术标准》(GB/T 50484—2019)第 5.4.14 条：起重机空载行走时，吊钩应挂牢。</td></tr>
<tr><td colspan="2">2022 年 3 月 29 日，某单位吊车空载行走时，吊钩未挂牢固定。</td></tr>
<tr><td>违章描述</td><td>吊物下方过车</td></tr>
<tr><td>判别依据</td><td>《石油工程建设施工安全规程》(SY 6444—2010)第 8.3.5 条：配合起重吊运组装构件时，应注意吊钩和重物运动方向，不应在吊臂和重物下方作业。
《石油化工建设工程施工安全技术标准》(GB/T 50484—2019)第 5.4.15 条：起重机作业时，工件不得在驾驶室上方越过。</td></tr>
<tr><td colspan="2">2021 年 11 月 24 日，某采气厂集气站分水分离器吊转作业，运输卡车从吊物下方穿过。</td></tr>
</table>

违章描述	吊物从人和驾驶室上方越过
判别依据	《石油工程建设施工安全规程》（SY 6444—2010）第 8.3.5 条：配合起重吊运组装构件时，应注意吊钩和重物运动方向，不应在吊臂和重物下方作业。《石油化工建设工程施工安全技术标准》（GB/T 50484—2019）第 5.4.15 条：起重机作业时，工件不得在驾驶室上方越过。

2021 年 9 月 7 日，某吊装施工现场，吊物从多人和驾驶室上方越过。

违章描述	棱角吊物与钢丝绳之间无衬垫
判别依据	《化学品生产单位特殊作业安全规范》（GB 30871—2014）第 9.2.10.g）.3）条：重物捆绑不牢，吊挂不平衡，棱角吊物与钢丝绳之间没有衬垫的不应起吊。

2022 年 6 月 17 日，某作业队搬家吊装工具柜时，棱角吊物与钢丝绳之间无衬垫。

违章描述	使用手拉葫芦斜拉斜吊
判别依据	《手拉葫芦安全规则》(GB 9010—1999)第 3.3 条：严禁超负荷起吊或斜吊。

2022 年 4 月 26 日，某采油厂采油区移动增注泵开关柜时，使用手拉葫芦斜拉斜吊。

违章描述	吊钩与吊带使用不匹配
判别依据	《石油工程建设施工安全规范》(SY/T 6444—2018)第 5.11.16. c)条：倒链起吊重物，吊挂点应牢固可靠。

2022 年 6 月 5 日，某轻烃站架空管线打磨施工现场，使用的手拉葫芦吊钩与吊带不匹配，致使吊钩防脱卡子失效。

Dongtu zuoye pian

动土作业篇

动土作业是指在生产运行区域（含生产生活基地）内进行的挖土、打桩、钻探、坑探地锚入土深度在 0.5 m 以上的作业（包括交通道路、消防通道上进行的施工作业）；使用推土机、压路机等施工机械进行填土或平整场地等可能对地下隐蔽设施产生影响的作业。

动土作业中，可能导致发生燃气泄漏、触电、漏水、化学品泄漏、坍塌、坠落等危险，严重的甚至可能导致爆燃爆炸事故。

<table>
<tr><td>违章描述</td><td>挖空底脚</td></tr>
<tr><td>判别依据</td><td>《石油工程建设施工安全规程》（SY 6444—2010）第 8.2.3 条：开挖深度超过 1.5m 的作业，应用放坡或支柱支护。第 8.2.6 条：采用直立壁挖方的基坑或管沟挖好后，应及时进行地下结构和安装工程施工，在施工中，应经常检查坑壁的稳定情况。第 8.2.9 条：基坑施工深度超过 1m，坑边应设临边防护。</td></tr>
<tr><td colspan="2">

2021 年 6 月 10 日，某建筑施工现场，作业人员挖空底脚。</td></tr>
<tr><td>违章描述</td><td>近距离动土作业</td></tr>
<tr><td>判别依据</td><td>《化学品生产单位特殊作业安全规范》（GB 30871—2014）第 11.6 条：作业人员在沟下作业应按坡度顺序进行，两个以上作业人员同时挖土时应相距 2m 以上，防止工具伤人。</td></tr>
<tr><td colspan="2">
2021 年 7 月 6 日，某建设施工中，两名施工人员挖土时未按要求相距 2m 以上。</td></tr>
</table>

违章描述	人员处于危险位置
判别依据	《化学品生产单位特殊作业安全规范》（GB 30871—2014）第 11.5.b）条：不应在坑、槽、井、沟上端边沿站立、行走。第 11.5.c）条：作业过程中应对边坡或固壁支撑架随时检查，如发现边坡有裂缝、松疏或支撑有折断、走位等异常情况，应立即停止工作并采取相应措施。

2021 年 7 月 6 日，某建设施工中，施工车辆距离有人正在施工的操作坑边缘较近。

违章描述	动土作业未设置硬围挡
判别依据	《石油化工建设工程施工安全技术标准》（GB/T 50484—2019）第 7.16 条：土石方施工区域应设置明显的警示标志和硬隔离设施。

2021 年 8 月 9 日，某注采站施工现场，消防罐旁动土作业未设置硬围挡。

违章描述	管沟未按要求安全放坡
判别依据	《石油工程建设施工安全规程》（SY 6444—2010）第 8.2.3 条：开挖深度超过 1.5m 的作业，应用放坡或支柱支护。第 8.2.6 条：采用直立壁挖方的基坑或管沟挖好后，应及时进行地下结构和安装工程施工，在施工中，应经常检查坑壁的稳定情况。第 8.2.9 条：基坑施工深度超过 1m，坑边应设临边防护。

2021 年 8 月 10 日，某注采站建设施工现场，开挖管沟未按要求安全放坡，易造成滑坡和塌方。

违章描述	管沟边堆放土方不满足 0.8m
判别依据	《中国石化动土作业安全管理规定》第 3.2.11 条：动土开挖时，应防止邻近建（构）筑物、道路、管道等下沉和变形，必要时采取防护措施，加强观测，防止位移和沉降；要由上至下逐层挖掘。第 3.2.5.6 条：严禁采用挖空底脚和挖洞的方法进行挖掘。使用的材料、挖出的泥土应堆放在距坑、槽、井、沟边沿至少 1m 处，堆土高度不得大于 1.5m。挖出的泥土不应堵塞下水道和窨井；在动土开挖过程中应采取防止滑坡和塌方措施。

2021 年 11 月 10 日，某丛式井场注采井西侧，开挖的管道检测坑土方堆放在管沟的边缘旁，不满足 0.8m 的要求。

违章描述	多人同时挖土间距不足 2m
判别依据	《化学品生产单位特殊作业安全规范》（GB 30871—2014）第 11.6 条：两名以上作业人员同时挖土时应相距 2m 以上，防止工具伤人。 《石油工程建设施工安全规程》（SY 6444—2010）第 8.2.2 条：人工挖基坑，操作人员之间要保持安全距离，一般大于 2.5m。

2021 年 12 月 20 日，某采油厂计量站，更换加热炉进出口管线动土作业时，多人同时挖土，没有保持安全距离。

违章描述	开挖的管沟土方直接堆在沟边上
判别依据	《中国石化动土作业安全管理规定》第 3.3.2.11 条：动土开挖时，应防止邻近建（构）筑物、道路、管道等下沉和变形，必要时采取防护措施，加强观测，防止位移和沉降；要由上至下逐层挖掘。第 3.2.5.6 条：严禁采用挖空底脚和挖洞的方法进行挖掘。使用的材料、挖出的泥土应堆放在距坑、槽、井、沟边沿至少 1m 处，堆土高度不得大于 1.5m。挖出的泥土不应堵塞下水道和窨井；在动土开挖过程中应采取防止滑坡和塌方措施。

2021 年 12 月 13 日，某采油厂中转站光伏电厂换热管线安装现场，开挖的管沟土方直接堆在沟边上。

<table>
<tr><td>违章描述</td><td>挖斗机摆放位置距坑边太近</td></tr>
<tr><td>判别依据</td><td>《化学品生产单位特殊作业安全规范》（GB 30871—2014）第 11.5.e）条：在坑、槽、井、沟的边缘安放机械、铺设轨道及通行车辆时，应保持适当距离，采取有效的固壁措施，确保安全。
《石油工程建设施工安全规程》（SY 6444—2010）第 8.2.12 条：车辆、设备不应靠近挖掘完成的坑、沟边缘。</td></tr>
<tr><td colspan="2">
2021 年 7 月 11 日，某钻井现场，挖斗机摆放位置距坑边太近。</td></tr>
<tr><td>违章描述</td><td>动土作业区域未设置警示隔离区</td></tr>
<tr><td>判别依据</td><td>《化学品生产单位特殊作业安全规范》（GB 30871—2014）第 11.9 条：施工结束后应及时回填土石，并恢复地面设施。
《石油化工建设工程施工安全技术标准》（GB/T 50484—2019）第 3.2.4 条：施工现场应采取覆盖、固化、绿化、洒水等减少扬尘措施。第 7.1.6 条：土石方施工区域应设置明显的警示标志和硬隔离设施，夜间应有警示灯。</td></tr>
<tr><td colspan="2">

2021 年 5 月 30 日，某采油厂单井管线补漏现场，动土作业未设警戒线。</td></tr>
</table>

违章描述	作业坑未设置应急逃生通道
判别依据	《石油化工建设工程施工安全技术标准》（GB/T 50484—2019）第 7.1.10 条：基坑开挖施工时，坑边应设置临边防护，应设置警示标示，作业区上方应设专人监护，作业人员上下应有专用梯道，长度超过 8m 的基坑内，作业面两端应至少各设一个应急出入通道。

2021 年 12 月 29 日，某施工现场，连接注采管线时，用火作业操作坑未设置应急逃生通道。

违章描述	基坑未设置警戒带
判别依据	《石油化工建设工程施工安全技术标准》（GB/T 50484—2019）第 7.1.10 条：基坑开挖施工时，坑边应设置临边防护，并应设置警示标识，作业区上方应设专人监护。

2021 年 10 月 11 日，某丛式井场挖的深基坑周围未设置警戒带。

违章描述	挖掘机活动半径内有人
判别依据	《石油化工建设工程施工安全技术标准》(GB/T 50484—2019)第7.1.12条：配合挖土机械的作业人员，应在作业半径以外工作，当挖土机械停止回转并制动后，方可进入作业半径内作业。

2021年8月4日，某注采站施工现场，动土作业时配合指挥的人员站在挖掘机活动半径内。

违章描述	在坑道内休息
判别依据	《中国石化动土作业安全管理规定》第3.2.2.5条：不应在坑、槽、井、沟内休息。

2021年8月10日，某注采站建设施工现场，3名施工人员在开挖的管沟内休息。

违章描述	站在挖斗内上下基坑
判别依据	《水电水利工程施工机械安全操作规程挖掘机》（DL/T 5261—2010）第4.1.6条：在挖掘机作业区域，应设置警告标识及采取现场控制措施，非工作人员未经批准不得入内。如必须在设备运行范围以内工作时，设备应停止作业。

2022年3月1日，某丛式井场建设现场，挖掘机动土作业时，监护人员站在挖斗内上下基坑。

违章描述	挖掘机操作不规范
判别依据	《履带式液压挖掘机操作规程》第41条：不准在横向坡度超过15°，纵向坡度超过30°的地面行驶或施工。第47条：作业前应将设备停放在平坦坚实地面方可作业。

2022年6月23日，某建设现场，挖掘机在斜坡超过30°的地面施工操作。

违章描述	坐在深基坑的边缘玩手机
判别依据	《企业职工伤亡事故分类标准》（GB 6441—1986）第 7.01 条：操作错误，忽视安全，忽视警告。第 7.06 条：冒险进入危险场所。第 7.08 条：攀、坐不安全位置。

2021 年 9 月 11 日，某注采站建设施工现场，1 名施工人员坐在有塌陷风险的深基坑边缘玩手机。

违章描述	动土作业现场无监护人
判别依据	《中国石化动土作业安全管理规定》第 3.3.1 条：动土作业过程中施工单位应设专人监护。

2021 年 11 月 23 日，某轻烃站消防水罐周边管沟开挖作业，动土作业现场无人监护。

Shouxian kongjian zuoye pian

受限空间作业篇

受限空间作业是指进入或探入生产单位的受限空间进行的作业。

受限空间是指进出口受限，通风不良，可能存在易燃易爆、有毒有害物质或缺氧，对进入或探入人员的身体健康和生命安全构成威胁的封闭、半封闭设施及场所，如反应器、塔、釜、槽、罐、炉膛、锅筒、管道以及地下室、窨井、坑（池）、下水道或其他封闭、半封闭场所。

受限空间作业时如果没有做适当的防护措施和现场检测，容易造成中毒事故、爆炸事故，造成人员伤亡。

违章描述	人孔处无警示标志
判别依据	《石油化工建设工程施工安全技术标准》（GB/T 50484—2019）第3.4.14条：气体分析合格前或非作业期间，受限空间入口应采取封闭措施，并挂警示牌，不得私自进入，再次作业时应经过气体分析合格。
 2021年5月11日，某采油厂联合站过滤罐清罐现场，人孔处没有警示标志。	
违章描述	未按规定检测罐内气体
判别依据	《中国石化进入受限空间作业安全管理规定》第3.2.1.1条：作业前30min内，应根据受限空间设备的工艺条件对受限空间进行有毒有害、可燃气体、氧含量分析，分析合格后方可进入。第3.2.1.2条：取样分析应有代表性、全面性。
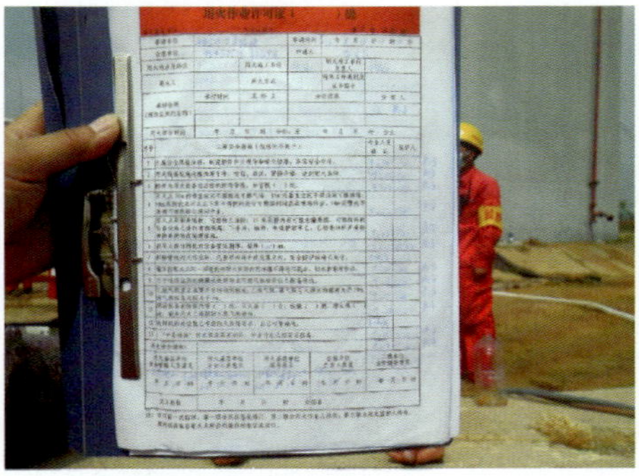 2021年8月17日，某采油厂大罐维修工程逃生通道罐壁切割现场，用火作业气体检测仅在大罐底部人孔入口处进了检测分析，未自上而下对大罐内气体含量进行检测分析。	

<table>
<tr><td>违章描述</td><td>人孔缺失封闭器警示标识</td></tr>
<tr><td>判别依据</td><td>《石油天然气生产专用安全标志》（SY/T 6355—2017）第 6.1 条：标志牌应设在与安全有关的醒目位置并清晰可见，标志牌前不应放置妨碍认读的障碍物。第 6.2 条：标志牌的平面与视线夹角应接近 90 度，观察者位于最大距离时，最小夹角不应低于 75 度。</td></tr>
<tr><td colspan="2">

2022 年 6 月 24 日，某采油厂中转站，储罐阀组及配套设施安全隐患治理工程现场，受限空间作业停工后，人孔未封闭或用人孔封闭器警示标识。</td></tr>
<tr><td>违章描述</td><td>受限空间作业未携带气体报警仪</td></tr>
<tr><td>判别依据</td><td>《石油化工建设工程施工安全技术标准》（GB/T 50484—2019）第 1.5 条：进入可能存在硫化氢等有毒、窒息气体的受限空间作业时，作业人员应佩戴正压式空气呼吸器，携带气体报警仪，当气体报警仪报警时作业人员要立即撤离。
《中国石化进入受限空间作业安全管理规定》第 3.2.1.3 作业时，作业现场应配置便携式或移动式气体检测报警仪。</td></tr>
<tr><td colspan="2">
2021 年 10 月 25 日，某丛式井现场，施工人员在井池内清理套管头作业时，未随身佩戴便携式气体报警仪。</td></tr>
</table>

违章描述	空气呼吸器未放置现场
判别依据	《化学品生产单位特殊作业安全规范》（GB 30871—2014）第 6.8.a）条：受限空间外应设置安全警示标志，备有空气呼吸器（氧气呼吸器）、消防器材和清水等相应的应急用品。

2021 年 10 月 30 日，某采油厂联合站出罐管线维修工程现场，施工人员进入受限空间作业未将空气呼吸器应急救护设施放在人孔外。

违章描述	进入受限空间作业无人监护
判别依据	《中国石化进入受限空间作业安全管理规定》第 2.4.7 条：应在受限空间外实行全过程监护，作业期间不得离开作业现场或从事与监护无关的工作。

2021 年 8 月 25 日，某建设现场，一名施工人员打开井盖钻入其中，现场无人监护。

Mangban choudu zuoye pian

盲板抽堵作业篇

盲板抽堵作业是指在设备抢修或检修过程中，设备、管道内存有物料（气、液、固态）及一定温度、压力情况时的盲板抽堵，或设备、管道内物料经吹扫、置换、清洗后的盲板抽堵。

盲板抽堵作业，属于能量隔离作业中的一类。如果盲板本身有缺陷或者其材质、厚度达不到要求，或者安装不规范，如所加垫片不合格等，就有可能起不到有效的隔离作用。石油化工生产工艺流程连续性强，设备管道紧密相连，设备与管道间虽有各种阀门控制，但在生产过程中，阀门长期受内部介质的冲刷和化学腐蚀作用，严密性能大大减弱，有可能出现泄漏，所以在设备或管道检修时，如果仅仅用关闭阀门来与生产系统进行隔离，往往是不可靠的。在这种情况下，盲板是最有效的隔离手段。在动火、进入受限空间作业等过程中，因未采取有效的隔绝措施而造成火灾、爆炸、中毒、窒息等事故时有发生。

违章描述	封堵盲板螺栓安装不全
判别依据	《中国石化盲板抽堵作业安全管理规定》第 3.2.2.2 条：在盲板抽堵作业点流程的上下游应有阀门等有效隔断；盲板应加在有物料来源阀门的另一侧，盲板两侧都要安装合格垫片，所有螺栓必须紧固到位。

2021 年 6 月 7 日，某采油厂联合站净化油罐安装紧急切断阀施工现场，加装的盲板未把螺栓安装齐全。

违章描述	盲板未挂标示牌编号
判别依据	《中国石化盲板抽堵作业安全管理规定》第 2.2 条：生产工艺人员对每块盲板设标牌标识，标牌编号应与盲板位置图上的盲板编号一致，并设专人统一指挥负责抽堵作业全过程管控。

2021 年 10 月 4 日，某采油厂联合站内天然气放空阀盲板未挂标示牌编号。

违章描述	盲板用铁皮代替
判别依据	《中国石化盲板抽堵作业安全管理规定》第 3.2.1.2 条：应根据需隔离介质的温度、压力、法兰密封面等特性选择相应材质、厚度、口径和符合设计、制造要求的盲板及垫片，高压盲板使用前应经超声波探伤。

2021 年 11 月 9 日，某采油厂污水站缓冲罐焊底板施工现场，进口管线加装的盲板使用铁皮代替，16 个法兰螺孔仅安装 2 条螺栓。

违章描述	使用绝缘垫代替盲板
判别依据	《中国石化盲板抽堵作业安全管理规定》第 3.2.1.2 条：应根据需隔离介质的温度、压力、法兰密封面等特性选择相应材质、厚度、口径和符合设计、制造要求的盲板及垫片，高压盲板使用前应经超声波探伤。

2021 年 10 月 26 日，某采油厂联合站分离器更换施工加装的盲板，使用绝缘垫代替盲板。

违章描述	未明确盲板抽堵负责人
判别依据	《中国石化盲板抽堵作业安全管理规定》第 2.2 条：生产工艺人员对每块盲板设标牌标识，标牌编号应与盲板位置图上的盲板编号一致，并负责组织实施。

2021 年 11 月 15 日，某采油厂联合站分离器维修特级用火施工现场，加装了 11 块盲板，未明确盲板抽堵负责人。

违章描述	未用盲板封堵
判别依据	《中国石化能量隔离管理规定》第 3.2.1 条：机械隔离应将设备、设施及装置与动力源、气体源头和液体源头物理断开。一般采用双阀隔离加盲板的方式，将管线阀门关闭，排空两阀之间的介质并加入盲板，实现物料的隔离。

2022 年 7 月 5 日，某采油厂污水站沉降罐清垢施工现场，进出口闸门短节拆除后，未用盲板封堵。

违章描述	停工管线未封堵
判别依据	《中国石化能量隔离管理规定》第 1.4.2 条：作业区域内所有危险能量和物料均应实施有效隔离，并对具备条件的隔离装置上锁挂牌。

2021 年 11 月 15 日，某采油厂中转站斜板罐清洗现场，停工期间管线出口未装盲板。

Tongyong zuoye pian

通用作业篇

安全生产现场常见的违章行为，可以分为人的不安全行为、物的不安全状态、环境的不安全条件以及管理缺陷。其中人的不安全行为主要包括人员不安全位置、个体防护失效、人员冒险操作；物的不安全状态主要包括装置设备缺陷、安全附件缺陷、安全防护缺失（能量硬隔离不到位）；环境的不安全条件主要包括安全警示警告警戒不到位（能量软隔离不到位）、消防系统（器材）失效、封闭式管理不规范、作业现场杂乱、逃生通道不畅通；管理缺陷主要包括作业和管理人员违反企业管理规定的行为。

<table>
<tr><td>违章描述</td><td>人员不安全位置</td></tr>
<tr><td>判别依据</td><td>《企业职工伤亡事故分类标准》（GB 6441—1986）第 7.07 条：攀、坐不安全位置。</td></tr>
<tr><td colspan="2">

2021 年 5 月 6 日，某单位施工现场，作业人员安装工字钢时站在不安全位置。</td></tr>
<tr><td>违章描述</td><td>人员站在不牢固的结构物上</td></tr>
<tr><td>判别依据</td><td>《企业职工伤亡事故分类标准》（GB 6441—1986）第 7.07 条：攀、坐不安全位置。</td></tr>
<tr><td colspan="2">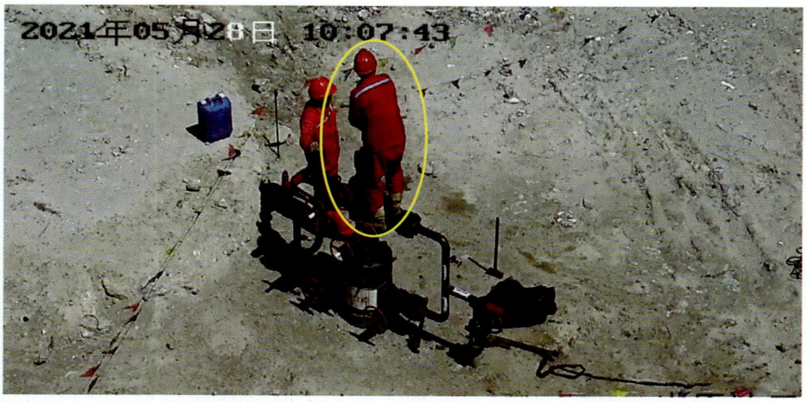

2021 年 5 月 28 日，某采油厂单井测试作业现场，一名施工人员站在井口闸门进行作业。</td></tr>
</table>

违章描述	人员不安全位置
判别依据	《企业职工伤亡事故分类标准》（GB 6441—1986）第 7.07 条：攀、坐不安全位置。

2021 年 8 月 26 日，某注采站压缩机房内，1 名施工人员两脚分别站在压缩机管线和仪表上进行维修操作。

违章描述	人员从挖沟机大臂下穿行
判别依据	《建筑机械使用安全技术规程》（JGJ 33—2012）第 5.1.10 条：机械回转作业时，配合人员必须在机械回转半径以外工作。

2021 年 8 月 16 日，某注采站建设现场，1 名管理人员从挖沟机大臂下穿行。

违章描述	站在脚手架护栏上
判别依据	《企业职工伤亡事故分类标准》（GB 6441—1986）第7.07条：攀、坐不安全位置。

2021年9月15日，某单位建设现场，施工人员站在脚手架防护栏上抹墙。

违章描述	抡大锤作业时前方站人
判别依据	《石油工程建设施工安全规程》（SY/T 6444—2018）第4.4.5条：使用大锤、手锤时锤头与把柄连接应牢固，运动范围内不应站人。

2021年12月31日，某采油厂紧固井口流程法兰盘作业，抡大锤作业时前方站人。

违章描述	开关阀门未侧身
判别依据	《基层生产作业现场 HSE 管理规范 第 18 部分：油气储运》（Q/SH 1025 0988.18—2016）第 5.2.1.4 条：开启、关闭阀门操作应侧身站立。

2021 年 9 月 17 日，某采油厂集气站，操作人员开关阀门倒流程时，身体正对阀门丝杠，未侧身。

违章描述	人员位于挖掘机旋转半径内
判别依据	《水电水利工程施工机械安全操作规程挖掘机》（DL/T 5261—2010）第 4.1.6 条：在挖掘机作业区域，应设置警告标识及采取现场控制措施，非工作人员未经批准不得入内。如必须在设备运行范围以内工作时，设备应停止作业。

2021 年 12 月 12 日，某单位旧装置拆除外运施工作业，2 人站在挖掘机的旋转半径内捡拾钢筋。

违章描述	站在驾驶员盲区指挥倒车
判别依据	《企业职工伤亡事故分类标准》（GB 6441—1986）第 7.07 条：攀、坐不安全位置。

2021 年 10 月 5 日，某单位吊车在厂内路口拐弯处倒车时，1 人站在车辆右后侧指挥。

违章描述	正对闸门开关手轮
判别依据	《基层生产作业现场 HSE 管理规范 第 1 部分：联合站》（Q/SH 1025 0988.1—2015）第 5.4.10.3 条：开启、关闭阀门操作应侧身站立。

2021 年 12 月 28 日，某建设现场，1 名作业人员正对闸门开关手轮。

违章描述	打压时人员正对法兰连接处
判别依据	《石油化工建设工程施工安全技术标准》(GB/T 50484—2019)第 9.7.3 条：气密性检查时，不应敲击试验系统的管道或设备，作业人员宜避开正对法兰连接处。

2021 年 11 月 16 日，某压缩机气密打压时，1 名作业人员后背正对法兰连接处。

违章描述	员工在管线上行走
判别依据	《企业职工伤亡事故分类标准》(GB 6441—1986)第 7.07 条：攀、坐不安全位置。

2021 年 7 月 30 日，某建设现场，管线防腐作业时施工人员在集输管线上行走。

违章描述	人员坐在深基坑的边缘
判别依据	《企业职工伤亡事故分类标准》(GB 6441—1986)第 7.07 条：攀、坐不安全位置。

2021 年 8 月 5 日，某注采站施工现场，1 名施工人员坐在有塌陷的深基坑边缘。

违章描述	人员站在手持砂轮机正面
判别依据	《企业职工伤亡事故分类标准》(GB 6441—1986)第 7.07 条：攀、坐不安全位置。

2022 年 7 月 10 日，某建设现场，管线打磨施工现场，监护人员站在手持砂轮机正面。

违章描述	人员不安全位置
判别依据	《企业职工伤亡事故分类标准》(GB 6441—1986)第 7.07 条：攀、坐不安全位置。

2021 年 9 月 3 日，某单位货场卸车现场，1 人站在车厢顶部边沿位置，监护另一节车厢内施工现场。

违章描述	人员不安全位置
判别依据	《企业职工伤亡事故分类标准》(GB 6441—1986)第 7.07 条：攀、坐不安全位置。

2021 年 9 月 8 日，某井台浇筑井池作业，支模人员站在钢筋支架上施工。

违章描述	高处休息、看手机
判别依据	《建筑施工高处作业安全技术规范》（JGJ 80—2016）第 3.0.5 条：高处作业人员应根据作业的实际情况配备相应的高处作业安全防护用品，并应按规定正确佩戴和使用相应的安全防护用品、用具。 《坠落防护装备安全使用规范》（GB/T 23468—2009）第 4.1.1 条：在距坠落高度基准面 2m 及 2m 以上，有发生坠落危险的场所作业，对个人进行坠落防护时，应使用坠落悬挂安全带或区域限制安全带。

2021 年 9 月 10 日，某施工现场，1 名施工人员蹲在管廊带上休息、看手机。

违章描述	站在止回阀上刷漆
判别依据	《企业职工伤亡事故分类标准》（GB 6441—1986）第 7.07 条：攀、坐不安全位置。 《建筑施工高处作业安全技术规范》（JGJ 80—2016）第 5.2.3 条：严禁在未固定、无防护设施的构件及管道上进行作业或通行。 《中国石化高处作业安全管理规定》第 1.4 条：除脚手架搭设的高处作业外，必须有完成作业任务的平台或其他保证安全的作业条件。

2021 年 9 月 14 日，某厂设备保养防腐作业，1 名作业人员站在止回阀上刷漆。

违章描述	站在料斗下施工
判别依据	《企业职工伤亡事故分类标准》（GB 6441—1986）第 7.07 条：攀、坐不安全位置。

2021 年 9 月 25 日，某单位公寓楼水泥浇筑施工现场，施工人员站在料斗下施工。

违章描述	人员不安全位置
判别依据	《企业职工伤亡事故分类标准》（GB 6441—1986）第 7.07 条：攀、坐不安全位置。

2021 年 10 月 2 日，某单位办公楼外墙喷漆现场，1 名作业人员站在大门雨篷平台边沿。

违章描述	人员不安全位置
判别依据	《企业职工伤亡事故分类标准》（GB 6441—1986）第 7.07 条：攀、坐不安全位置。

2021 年 10 月 12 日，某单位公寓施工现场，施工人员站在放在砖堆的自制木凳上施工。

违章描述	人员不安全位置
判别依据	《企业职工伤亡事故分类标准》（GB 6441—1986）第 7.07 条：攀、坐不安全位置。

2021 年 11 月 10 日，某采油厂联合站污水管线防腐施工，施工人员站、骑管线。

违章描述	围墙上行走
判别依据	《企业职工伤亡事故分类标准》(GB 6441—1986)第 7.07 条：攀、坐不安全位置。

2021 年 11 月 19 日，某采油厂计量站内，1 名员工在围墙上行走。

违章描述	人员不安全位置
判别依据	《企业职工伤亡事故分类标准》(GB 6441—1986)第 7.07 条：攀、坐不安全位置。

2021 年 12 月 9 日，某井池施工现场，1 名施工人员沿井池边沿行走。

违章描述	人员冒险操作
判别依据	《企业职工伤亡事故分类标准》（GB 6441—1998）附录 A 第 7.06：冒险进入危险场所。第 7.07：攀、坐不安全位置。

2021 年 12 月 10 日，某建设现场，操作人员骑在管线打开注气闸门。

违章描述	管钳使用不符合规范
判别依据	《企业职工伤亡事故分类标准》（GB 6441—1998）附录 A 第 7.01.6 条：操作错误。

2021 年 12 月 7 日，某单位大修施工现场，施工人员使用管钳向外推。

违章描述	使用叉车撬管线
判别依据	《中国石化叉车安全管理细则》第 2.3.2.14 条：作业时禁止以下行为：（1）超载、偏载、单叉作业。

2022 年 2 月 18 日，某采油厂中转站排污泵出口管线更换施工现场，使用叉车撬出埋地管线。

违章描述	悬空爬梯未及时封闭并悬挂明显的警示标志
判别依据	《石油化工建设工程施工安全技术标准》（GB/T 50484—2019）第 8.1.5 条：钢框架结构施工时，应随结构及时安装平台、钢爬梯、栏杆和挡脚板。不能及时安装平台和栏杆时，应封闭钢爬梯的入口，并设置明显的警示标志。

2022 年 3 月 2 日，某厂钢爬梯悬空，未及时封闭并悬挂明显的警示标志，不应该使用。

违章描述	不同肩抬管材
判别依据	《基层生产作业现场 HSE 管理规范 第 4 部分：采油维修》（Q/SH 1025 0988.4—2015）第 5.3.1.8 条：需要 2 人肩扛管线时，应明确 1 人负责，做到同一步调，同肩搬运，有序抬放。

2021 年 12 月 17 日，某单位安装管线施工现场，两人不同肩抬管材从吊臂下经过。

违章描述	冒险进入危险场所
判别依据	《企业职工伤亡事故分类标准》（GB 6441—1986）第 7.07 条：攀、坐不安全位置。

2022 年 6 月 11 日，某水泥基础吊装现场，2 名作业人员蹲在堆码的吊物附近。

违章描述	巡检人员未佩戴护耳器
判别依据	《生产过程安全卫生要求总则》（GB/T 12801—2008）第 6.2.4 条：从业人员在作业过程中，应按照安全生产规章制度和劳动防护用品使用规则，正确佩戴和使用劳动防护用品。 《基层生产作业现场 HSE 管理规范 第 3 部分：采油注水站》（Q/SH 1025 0988.3—2015）第 5.1.4 条：站内应配备防噪声护耳器。 《基层生产作业现场 HSE 管理规范 第 7 部分：采油管理区》（Q/SH 1025 0988.7—2015）第 4.10.4 条：操作人员进入噪声环境应佩戴防护耳塞。

2021 年 5 月 19 日，某采油厂注水站，巡检人员进入泵房未佩戴护耳器。

违章描述	劳保穿戴不规范
判别依据	《生产过程安全卫生要求总则》（GB/T 12801—2008）第 6.2.4 条：从业人员在作业过程中，应按照安全生产规章制度和劳动防护用品使用规则，正确佩戴和使用劳动防护用品。

2022 年 6 月 21 日，某轻烃站火炬底座钢筋捆扎施工现场，监护人员穿帆布鞋行走。

违章描述	未戴护耳器、手套
判别依据	《生产过程安全卫生要求总则》(GB/T 12801—2008)第 6.2.4 条：从业人员在作业过程中，应按照安全生产规章制度和劳动防护用品使用规则，正确佩戴和使用劳动防护用品。

2021 年 6 月 28 日，某建设现场，1 名施工人员操作手扶式夯土机时未戴护耳器和手套。

违章描述	施工未佩戴劳保手套
判别依据	《生产过程安全卫生要求总则》(GB/T 12801—2008)第 6.2.4 条：从业人员在作业过程中，应按照安全生产规章制度和劳动防护用品使用规则，正确佩戴和使用劳动防护用品。

2021 年 6 月 29 日，某单位公寓楼维修项目施工现场，1 名施工人员操作钢丝钳过程中未戴手套。

违章描述	未佩戴护目镜
判别依据	《个体防护装备选用规范》（GB/T 1651—2008）第 6.1.A02 条：有碎屑飞溅的作业，应选用防冲击护目镜。 《建筑施工易发事故防治安全标志》（JGJ/T 429—2018）第 7.0.15.6 条：木工圆盘锯机上的旋转锯片应带有护罩，平刨应设置护手装置。

2021 年 6 月 29 日，某建设现场，施工人员使用手持切割机切割木板时未佩戴防护眼镜。

违章描述	氮气操作未戴手套
判别依据	《生产过程安全卫生要求总则》（GB/T 12801—2008）第 6.2.4 条：从业人员在作业过程中，应按照安全生产规章制度和劳动防护用品使用规则，正确佩戴和使用劳动防护用品；未按规定佩戴和使用劳动防护用品的，不得上岗作业。

2022 年 5 月 31 日，某集气站氮气气密现场，作业人员进行氮气操作时未佩戴手套。

违章描述	安全帽未系帽带，使用电锤未佩戴护目镜
判别依据	《个体防护装备选用规范》（GB/T 1651—2008）第 6.1.A02 条：有碎屑飞溅的作业，应选用防冲击护目镜。 《生产过程安全卫生要求总则》（GB/T 12801—2008）第 6.2.4 条：从业人员在作业过程中，应按照安全生产规章制度和劳动防护用品使用规则，正确佩戴和使用劳动防护用品；未按规定佩戴和使用劳动防护用品的，不得上岗作业。

2021 年 8 月 13 日，某单位办公楼维修现场，1 名作业人员安全帽未系下颚帽带，使用电锤破除墙壁未佩戴护目镜。

违章描述	劳保不规范
判别依据	《建筑施工易发事故防治安全标准》（JGJ/T 429—2018）第 7.0.8 条：在机械使用、维修过程中，操作人员和配合作业人员应正确使用劳动保护用品，长发应束紧不得外露。 《基层生产作业现场 HSE 管理规范 第 4 部分：采油维修》（Q/SH 1025 0988.4—2020）第 5.1.1 条：施工现场人员应正确穿戴和使用劳动防护用品。在有旋转设备的场所施工，应按要求束发带帽，系紧袖口。

2021 年 8 月 20 日，某注采站内，1 名女员工操作旋转设备时、长发未按要求盘在安全帽内。

<table>
<tr><td>违章描述</td><td>施工人员未戴安全帽</td></tr>
<tr><td>判别依据</td><td>《头部防护 安全帽选用规范》（GB/T 30041—2013）第 4.2.1 条：在可能存在物体坠落、碎屑飞溅、磕碰、撞击、穿刺、挤压、摔倒及跌落等伤害头部的场所时，应佩戴至少具有基本技术性能的安全帽。第 5.1.4 条：安全帽在使用时应戴正、戴牢，锁紧帽箍，配有下颏带的安全帽应系紧下颏带，确保在使用中不发生意外脱落。</td></tr>
<tr><td colspan="2">
2022 年 7 月 13 日，某作业队二层平台施工人员未戴安全帽。</td></tr>
<tr><td>违章描述</td><td>安全帽无产品合格证和永久标识</td></tr>
<tr><td>判别依据</td><td>《头部防护 安全帽》（GB2811—2019）第 5.1.3 条：材料耐老化性能应不低于产品标识明示的使用期限，正常使用的安全帽在使用期限内不能因材料原因导致防护功能失效；第 7.2 条：安全帽的永久标识是指位于产品主体内侧，并在产品整个生命周期内一直保持清晰可辨的标识。</td></tr>
<tr><td colspan="2">
2022 年 3 月 29 日，某单位办公楼维修现场，一名施工人员佩戴的安全帽无产品合格证和永久标识。</td></tr>
</table>

违章描述	涉硫作业不按规定佩戴防护用品
判别依据	《中国石化严重违章行为判定标准》第 6.（4）条：在涉硫化氢区域不按规定佩戴防护用品和硫化氢检测报警器。

2022 年 5 月 21 日，普光某采气厂生产测井作业，1 名监护人员在井口附近监护施工时将呼吸器面罩气源接头拿在手里。

违章描述	安全帽未系下颚带
判别依据	《头部防护 安全帽选用规范》（GB/T 30041—2013）第 5.1.4 条：安全帽在使用时应戴正、戴牢，锁紧帽箍，配有下颏带的安全帽应系紧下颏带，确保在使用中不发生意外脱落。

2021 年 11 月 23 日，某单位公寓楼维修施工现场，作业人员安全帽未系下颚带。

违章描述	加药未佩戴防护手套
判别依据	《生产过程安全卫生要求总则》(GB/T 12801—2008)第 5.5.1 条：若使用给人员带来危险和有害作业的生产物料时，应采取相应的防护措施，并制定使用、处理、储存和运输的安全、卫生标准。第 6.2.4 条：从业人员在作业过程中，应按照安全生产规章制度和劳动防护用品使用规则，正确佩戴和使用劳动防护用品；未按规定佩戴和使用劳动防护用品的，不得上岗作业。

2021 年 10 月 20 日，某采油厂单井热洗现场，1 名加药人员未佩戴防护手套。

违章描述	刷漆作业未佩戴防护面罩
判别依据	《生产过程安全卫生要求总则》(GB/T 12801—2008)第 6.4.3 条：对生产中难以避免的生产性粉尘，应采取有效的防护、除尘、净化等措施。第 6.2.4 条：从业人员在作业过程中，应按照安全生产规章制度和劳动防护用品使用规则，正确佩戴和使用劳动防护用品；未按规定佩戴和使用劳动防护用品的，不得上岗作业。

2021 年 10 月 25 日，某单位厂房建设现场，刷漆作业人员未佩戴防护面罩。

违章描述	防护罩防护范围不足
判别依据	《机械安全防护装置固定式和活动式防护装置的设计与制造一般要求》（GB/T 8196—2018）第 6.4.2 条：对于带轮、传动带、齿轮、齿条齿轮和传动轴等运动的传动部件产生的危险，应采用固定式防护装置或联锁的活动式防护装置进行防护。

2021 年 7 月 23 日，某油库原油稳定区压缩机润滑油泵联轴器防护罩小，防护不全。

违章描述	搅拌机转动部位无防护罩
判别依据	《建筑机械使用安全技术规程》（JGJ 33—2012）第 8.2.3.（3）条：各传动机构、工作装置应正常。开式齿轮、皮带轮等传动装置的安全防护罩应齐全可靠。

2021 年 8 月 25 日，某丛式井场现场，使用的水泥搅拌机皮带轮无防护罩。

违章描述	工艺流程、阀门无支撑或支撑不稳固
判别依据	《生产过程危险和有害因素分类与代码》(GB/T 13861—2022) 211301 无标志标识；210204 支撑(支护)不当。

2021 年 10 月 28 日，某丛式井场未设置安全警示标识和风向标，且工艺流程、阀门无支撑或支撑不稳固。

违章描述	动力柜防爆螺丝未上满
判别依据	《生产过程危险和有害因素分类与代码》(GB/T 13861—2022) 2101 设备、设施、工具、附件缺陷。

2021 年 10 月 28 日，某丛式井场动力柜防爆螺丝未上满。

违章描述	法兰螺栓不全且未上紧
判别依据	《安全阀安全技术监察规程》（TSG ZF001—2006）第 B5.2.1 条：安全阀使用单位需要经常检查安全阀的密封性能及其与管路连接处的密封性能。

2021 年 11 月 5 日，某采油厂计量站分离器上出口法兰及安全阀出口法兰螺栓不全且未上紧。

违章描述	水井测试法兰渗漏
判别依据	《基层生产作业现场 HSE 管理规范 第 7 部分：采油管理区》（Q/SH 1025 0988.7—2015）第 4.1.7.4 条：井口装置配件齐全、紧固，不漏不渗，井口闸门开关灵活。

2021 年 8 月 26 日，某采油厂注水井口测试法兰渗漏。

违章描述	爬梯未及时回收
判别依据	《石油化工建设工程施工安全技术标准》(GB/T 50484—2019)第3.5.26条：绳梯的安全系数不得小于10，使用时应固定在牢固的构筑物上，无人使用时及时进行收回。

2021年11月3日，某厂水套炉室，操作人员使用爬梯后未及时收回。

违章描述	高压供水泵房内安装非防爆开关箱
判别依据	《企业职工伤亡事故分类标准》(GB 6441—1986)附录A：第6.02.1条：设计不当，结构不合安全要求。第6.02.1.3条：安全间距不够。

2021年12月8日，某单位高压供水泵房内安装非防爆开关箱。

违章描述	手砂轮无防护罩
判别依据	《石油工程建设施工安全规范》（SY/T 6444—2018）第 4.4.2.j）条：不应拆卸防护罩使用。

2021 年 7 月 12 日，某采油厂污水处理系统整改流程施工现场，作业人员使用的手砂轮无防护罩。

违章描述	安全附件缺失
判别依据	《中国石化安全设施管理办法》第 2.1.4 条：安全设施不得擅自停用和变更。必须变更时应严格按照《中国石化变更安全管理规定》进行风险评估，履行审批程序。第 2.1.5 条：设计、选用安全设施时应在装置连续生产前提下满足安全设施检测、校验周期的要求，不满足上述要求时，应采取设置在线检验或可在线切换的备用设施等措施。

2021 年 7 月 4 日，某集气站污油罐上的双安全阀同时拆除送检，无法保障正常生产。

违章描述	安全阀上下游阀无铅封
判别依据	《安全阀安全技术监察规程》(TSG ZF001—2006)第 B4.2.(4)条：安全阀的进出口管道上一般不允许设置截断阀，必须设置截断阀时，需要加铅封，并且保证锁定在全开状态。

2021 年 7 月 23 日，某油库分离器区分离器安全阀上下游闸门未打铅封。

违章描述	可燃气体报警系统失效
判别依据	《石油天然气工程可燃气体检测报警系统安全规范》(SY 6503—2016)第 6.4.2 条：站场内独立设置的报警器应采用不间断电源（UPS）或自带蓄电池供电，后备供电时间应不少于 30min。第 8.2.2 条：每两周进行一次外观检查，检测器防爆密封件和紧固件。

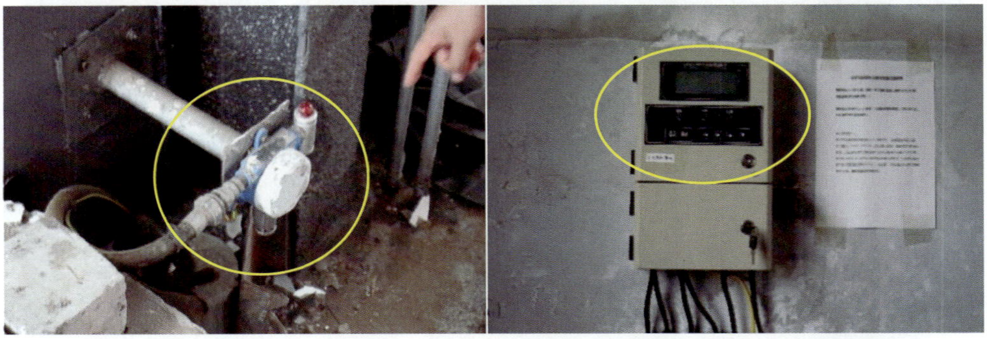

2021 年 7 月 29 日，某采油厂危废库房，可燃气体报警器防爆挠管松动，报警器主机无电。

违章描述	紧急切断阀手轮未锁定
判别依据	《油气田工程安全仪表系统设计规范》（SY/T 7351—2016）第 6.3.3 条：阀门不宜设置手轮或操作手柄等手动操作装置，如有应锁定。

2021 年 10 月 4 日，某单位反冲洗工艺流程紧急切断阀手轮未锁定。

违章描述	信号接线柜穿线管脱落、接口未封堵
判别依据	《爆炸危险环境电力装置设计规范》（GB 50058—2014）第 5.4.2 条：在爆炸性气体环境内钢管配线的电气线路应做好隔离密封。

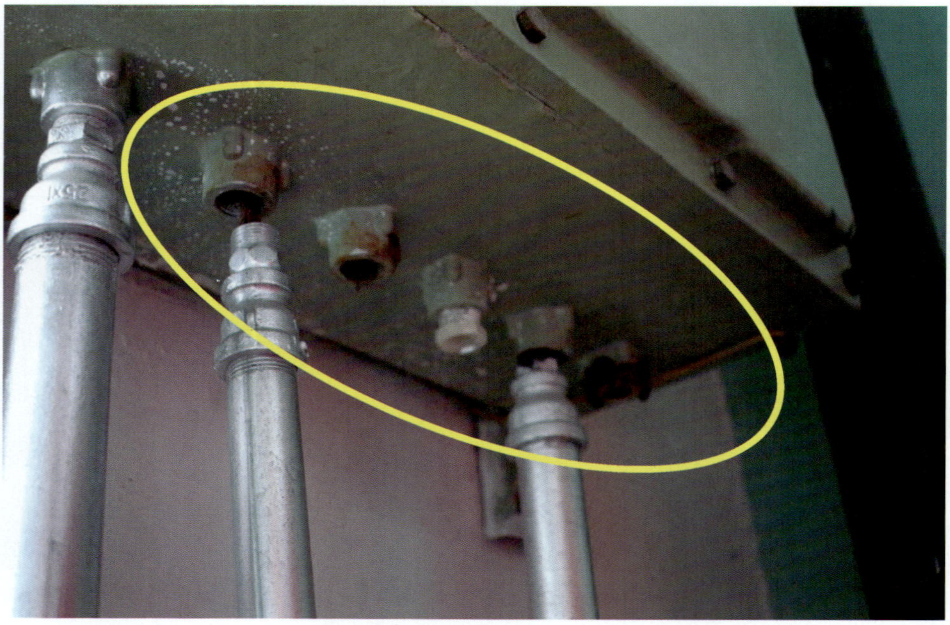

2021 年 7 月 30 日，某采油厂联输油泵房东侧仪表信号接线柜穿线管脱落，两个未封堵。

违章描述	分离器流量计未接地
判别依据	《石油化工仪表接地设计规范》（SH/T 3081—2019）第 4.2.1 条：仪表及控制系统需要进行接地的仪表信号回路，应实施工作接地。

2021 年 7 月 30 日，某采油厂联合站分离器流量计未接地。

违章描述	紧急切断阀无电源显示
判别依据	《油气田工程安全仪表系统设计规范》（SY/T 7351—2016）第 8.6.2 条：供电线路、开关和 24VDC 电源模块应冗余。

2022 年 10 月 4 日，某采油厂中转站，原油储罐紧急切断阀无电源显示。

违章描述	新焊接的吊耳未检测
判别依据	《石油化工建设工程施工安全技术标准》(GB/T 50484—2019)第 5.1.18 条：吊耳与设备连接焊缝应按吊耳设计文件规定进行无损监测并有检测报告。

2021 年 5 月 12 日，某注采站现场，新安装的消防水罐，焊接的吊耳未检测。

违章描述	在用圆盘锯无护罩
判别依据	《建筑机械使用安全技术规程》(JGJ 33—2012)第 10.3.1 条：木工圆锯机上的旋转锯片必须设置防护罩。

2021 年 8 月 25 日，某建设现场，木工加工使用的圆盘锯无防护罩。

违章描述	压力表无上下线标识
判别依据	《一般压力表》（GB/T 1226—2017）第 5.11 条：仪表的可见部分应无明显的瑕疵、划伤，接头螺纹应无明显的毛刺和损伤；标度、标尺等应清晰、正确和完整。

2021 年 6 月 12 日，某采油厂外输泵房，外输管线安装的压力表无上下线标识。

违章描述	静电释放接地未检测
判别依据	《本安型人头静电消除器安全规范》（SY/T 7354—2017）第 5.3 条：每半年进行一次支撑体接地电阻、触摸体面电阻、电荷转移量、现场接地电阻测试。

2021 年 7 月 23 日，某油库原油罐区浮顶罐，罐顶安装的 2 个人体静电释放器未检测。

违章描述	未安装的管线未封闭管口
判别依据	《压力管道规范 工业管道第 4 部分》（GB/T 20801.4—2020）第 5.7 条：管道元件及材料在制作、安装过程中应妥善保管，不得混淆或损坏。

2021 年 10 月 19 日，某丛式井场建设现场，已预制完成的管线没有进行封堵。

违章描述	可燃气体报警仪超期未检
判别依据	《中国石化安全设施管理办法》第 1.5 条：各类安全设施应按照国家和集团公司相关标准规范定期检测，必须确保在有效期内运行，必须确保功能完好。

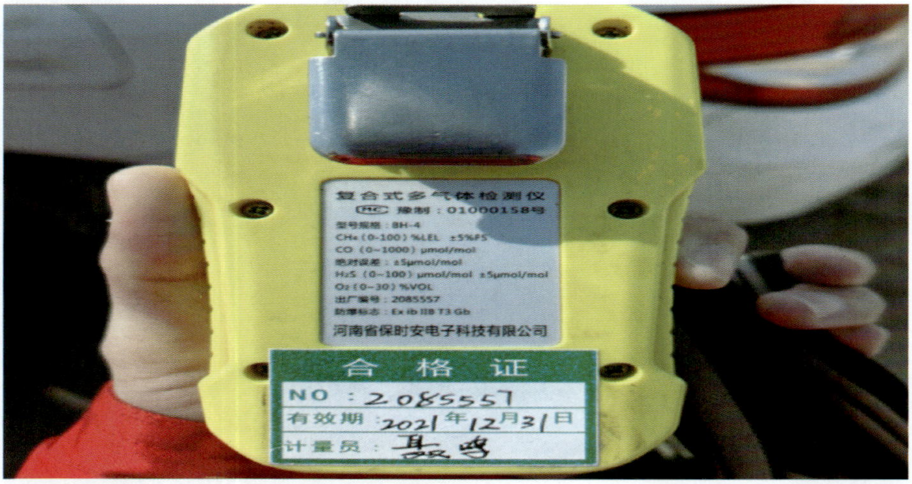

2022 年 4 月 2 日，某丛式井场安装井池钢格栅施工现场，使用的可燃气体报警仪检定有效期为 2021 年 12 月 31 日，超期未检。

违章描述	安全阀进出口管线变径
判别依据	《安全阀一般要求》(GB/T 12241—2021)第 5.2.2 条：不论何种形式的安全阀端部连接的设计，都应使与阀门进口相连接的外部管道或管接头的内截面积至少等于阀门进口连接处的内截面积。

2022 年 2 月 18 日，某采油厂污水站，空压机储气罐安全阀进出口管线变径。

违章描述	压力表玻璃表蒙损坏
判别依据	《一般压力表》(GB/T 1226—2017)第 5.11 条：仪表的可见部分应无明显的瑕疵、划伤，接头螺纹应无明显的毛刺和损伤；标度、标尺等应清晰、正确和完整。

2022 年 4 月 5 日，某采油厂中转站生产现场，增压集气汇管管线上安装的压力表表蒙玻璃损坏。

违章描述	无防火罩
判别依据	《危险化学品经营企业开业条件和技术要求》（GB 18265—2000）第 6.3.3 条：进入危险化学品库区的机动车辆应安装防火罩。

2021 年 7 月 15 日，某采油厂污水站，场内翻斗平铺井场施工时，翻斗车未装防火罩进入施工现场。

违章描述	防火罩安装不严密
判别依据	《机动车排气火花熄灭器》（GB 13365—2005）第 4.5.3 条：熄灭器与排气管或消声器的连接应牢固、可靠。排气流不得从连接处窜出。

2021 年 10 月 22 日，某采油厂储罐维修施工现场，2 台车载电焊拖拉机防火罩安装不严密，连接处漏气。

违章描述	管线、阀门未断开隔离
判别依据	《中国石化能量隔离管理规定》第 1.4.2 条：作业区域内所有危险能量和物料均应实施有效隔离，并对具备条件的隔离装置上锁挂牌。

2021 年 8 月 11 日，某油品站清罐作业，连接 1~6 汽油、2~3 溶剂油储罐的管线、阀门未断开隔离。

违章描述	围挡多处损坏能量隔离失效
判别依据	《中国石化能量隔离管理规定》第 1.4.2 条：作业区域内所有危险能量和物料均应实施有效隔离，并对具备条件的隔离装置上锁挂牌。

2021 年 8 月 23 日，某采气厂集气站新建增压泵现场，用于能量隔离的围挡多处损坏，造成隔离失效。

违章描述	钢板栅网未满铺
判别依据	《化学品生产单位特殊作业安全规范》(GB 30871—2014)第 4.4.b 条：作业现场的梯子、栏杆、平台、篦子板、盖板等设施应完整、牢固，采用的临时设施应确保安全。

2021 年 10 月 28 日，某丛式井场井口操作平台钢板栅网未满铺。

违章描述	窨井和坑槽无盖板
判别依据	《建筑施工易发事故防治安全标志》(JGJ/T 429—2018)第 3.0.8 条：施工现场出入口、施工起重机械、临时用电设施以及脚手架、模板支撑架等施工临时设施、临边与洞口等危险部位，应设置明显的安全警示标志和必要的安全防护设施。

2021 年 7 月 18 日，某注采站建设现场设置的窨井和坑槽无盖板。

<table>
<tr><td>违章描述</td><td>井口池无防护措施</td></tr>
<tr><td>判别依据</td><td>《石油化工建设工程施工安全技术标准》(GB/T 50484—2019)第 3.5.30 条：洞口应采取坚固盖板覆盖并固定或在四周设置防护栏杆等措施进行封闭，并符合现行行业标准《石油化工工程高处作业技术规范》SH/T 3567 的规定。</td></tr>
<tr><td colspan="2">
2021 年 10 月 7 日，某井场井口池无防护措施。</td></tr>
<tr><td>违章描述</td><td>射线管道检测现场未设置警示标志</td></tr>
<tr><td>判别依据</td><td>《石油化工建设工程施工安全技术标准》(GB/T 50484—2019)第 10.5.10.3 条：在施工现场进行射线透照应符合下列规定：在辐射控制区边界应悬挂“禁止进入放射性工作场所”警示牌，射线作业人员应在控制区边界外操作。在辐射区边界应设置信号灯、铃、警戒绳等警戒标志，并悬挂“当心电离辐射！无关人员禁止入内”警示牌，并设专人警戒。</td></tr>
<tr><td colspan="2">
2021 年 11 月 10 日，某丛式井场北侧 X 射线管道检测现场，未设置警示标志和警戒线。</td></tr>
</table>

违章描述	加药房未设置安全警示标志
判别依据	《化学品作业场所安全警示标志规范》（AQ 3047—2013）第 3.1 条：化学品作业场所安全警示标志应列明化学品的中文化学名称或通用名称，以及美国化学文摘号（CAS 号）。化学品标识要求醒目、清晰，位于标志的上方。名称应与化学品安全技术说明书中的名称一致。

2021 年 7 月 28 日，某采油厂污水站的加药房未设置安全警示标志。

违章描述	箱式变围栏未设警示标志
判别依据	《石油工程建设施工安全规范》（GB/T 6444—2018）第 5.8.6 条：在醒目位置悬挂“止步、高压危险”的警告牌。

2021 年 5 月 12 日，某注采站施工现场，使用的箱式变围栏未设警示标志且没接地。

违章描述	基坑未设置防护
判别依据	《石油工程建设施工安全规范》(GB/T 6444—2018)第 5.2.3.10 条：基坑(槽)开挖深度超过 1m 时，基坑(槽)边应设临边防护。

2021 年 11 月 5 日，某井场注采撬北侧开挖的基坑未设置防护。

违章描述	管线检测坑存在塌方风险
判别依据	《石油工程建设施工安全规范》(GB/T 6444—2018)第 4.7.2 条：定期检查基坑、沟槽、山崖等边坡的排水设施，应防止塌方和滑坡。

2021 年 10 月 25 日，某丛式井现场，开挖的管线检测坑西侧边沿紧临井场控制小屋，坑内被水浸泡部分塌方。

违章描述	放坡不足
判别依据	《石油工程建设施工安全规范》（GB/T 6444—2018）第 7.5.2 条：深度在 5m 以内管沟的最陡管沟坡度应符合 GB 50369 的要求。

2021 年 7 月 24 日，某注采站围墙西侧管沟沟底焊接作业时，管沟两侧放坡不足 1∶0.10。

违章描述	钢筋在地面上存放
判别依据	《混凝土结构工程施工规范》（GB 50666—2011）第 3.3.6 条：材料进场后，应按种类、规格、批次分开储存与堆放，并应标识明晰。

2021 年 5 月 12 日，某注采站施工现场，压缩机基础钢筋在地面上存放，下端没有加枕木。

违章描述	现场物料摆放混乱
判别依据	《石油工程建设施工安全规范》(GB/T 6444—2018)第 4.5.1 条：施工器材应按施工平面布置规定的地点堆放。

2021 年 8 月 29 日，某施工现场，物料摆放混乱。

违章描述	施工现场杂乱
判别依据	《石油化工建设工程施工安全技术标准》(GB/T 50484—2019)第 9.1.11 条：检修现场材料应堆放整齐，保持道路畅通，拆除物按指定地点放置，并及时从现场清理走。

2021 年 10 月 3 日，某单位模板安装施工现场，模板、工具、垃圾随意堆放。

违章描述	泡沫发生器防护金属网未关闭
判别依据	《泡沫灭火系统设计规范》（GB 50151—2010）第 3.6.1.（3）条：泡沫发生器进口的空气吸入口及露天的泡沫喷射口，应设置防止异物进入的金属网。

2021 年 7 月 28 日，某采油厂油品储罐泡沫发生器的防护金属网未关闭。

违章描述	消防器材摆放在地面
判别依据	《建筑灭火器配置设计规范》（GB 50140—2005）第 5.1.3 条：手提式灭火器宜设置在灭火器箱内或挂钩、托架上，其顶部离地面高度不应大于 1.50m；底部离地面高度不宜小于 0.08m。

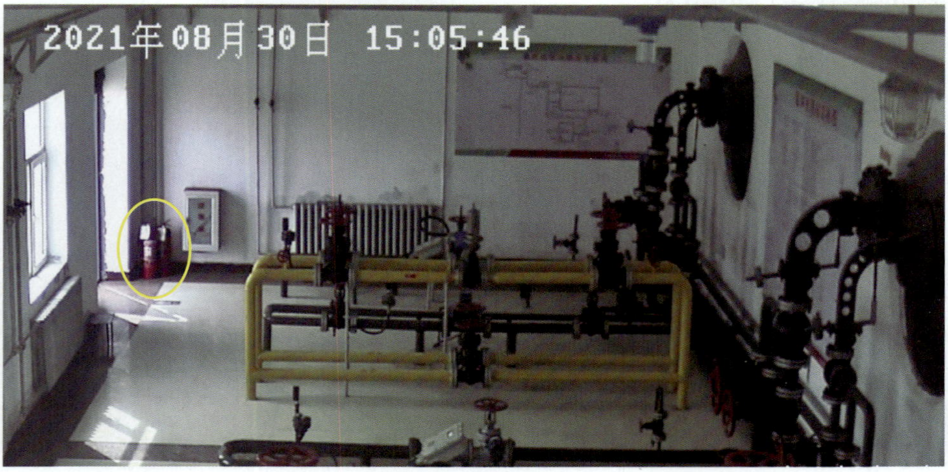

2021 年 8 月 30 日，某采油厂脱水站，分离间消防器材摆放在地面。

<table>
<tr><td>违章描述</td><td>挪用消防设施</td></tr>
<tr><td>判别依据</td><td>《中华人民共和国消防法》第二十八条：任何单位、个人不得损坏、挪用或者擅自拆除、停用消防设施、器材，不得埋压、圈占、遮挡消火栓或者占用防火间距，不得占用、堵塞、封闭疏散通道、安全出口、消防车通道。人员密集场所的门窗不得设置影响逃生和灭火救援的障碍物。</td></tr>
<tr><td colspan="2">

2021 年 10 月 24 日，某采油厂储罐维修施工现场，施工人员挪用消防栓、消防水带。</td></tr>
<tr><td>违章描述</td><td>消防器材未按时检查</td></tr>
<tr><td>判别依据</td><td>《中原油田消防安全管理规范》3.3.8.4 条：灭火器的配置、外观检查每半月进行一次，并填写检查记录，检查记录应存档保留不少于 1 年。日常巡查发现灭火器被挪动，缺少部件等，应及时处置。</td></tr>
<tr><td colspan="2">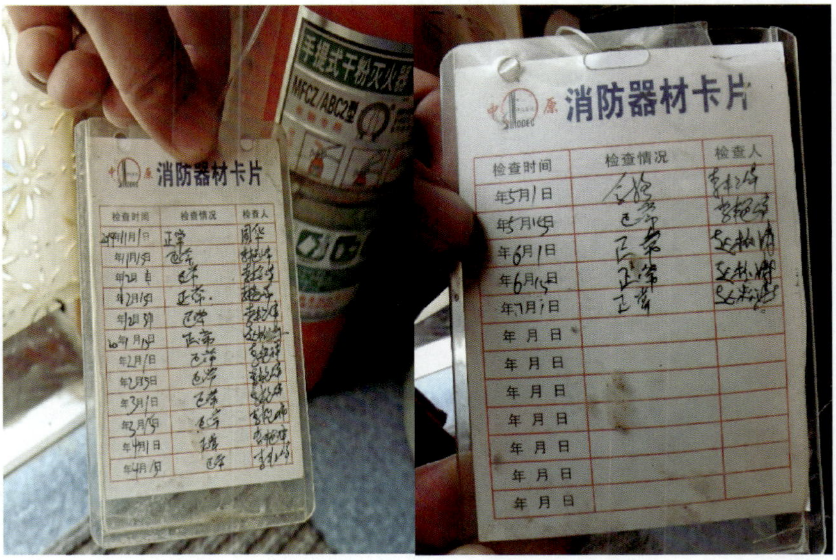

2021 年 5 月 4 日，某单位监控室、干部值班室、会议室 3 只 2 千克干粉灭火机上次检验日期为 2020 年 7 月 1 日。</td></tr>
</table>

违章描述	灭火器箱被配电柜遮挡
判别依据	《建筑灭火器配置设计规范》(GB 50140—2005)第 5.1.1 条：灭火器箱应设置在位置明显和便于取用的地点，且不得影响安全疏散。

2022 年 1 月 6 日，某单位实验室改造施工现场，灭火器箱被配电柜遮挡。

违章描述	随车灭火器外部磨损严重
判别依据	《中原油田消防安全管理规范》第 3.3.8.2 条：设置在室外和特殊场所的灭火器，应采取防止日晒、雨淋的保护措施，灭火器材的铭牌、生产日期和维修日期等标志齐全，保险装置完好。

2022 年 3 月 12 日，某油库原油装车现场，危险品运输车随车灭火器外部磨损严重，瓶体无生产日期等标志。

违章描述	消防水罐液位显示有误
判别依据	《中原油田消防安全管理规范》第 3.3.5 条：沫站、消防车、灭火器材的管理，建立健全并落实各级管理责任制和维护保养责任制，确保消防设施、装备和器材的完好有效。

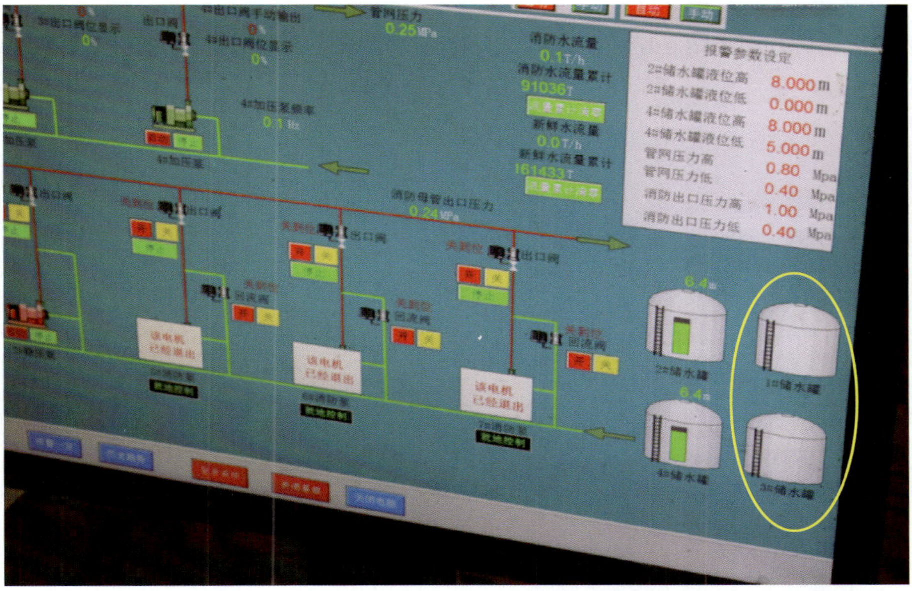

2021 年 7 月 26 日，某原油稳定项目部的消防水罐液位二次表不显示。

违章描述	室内灭火器放置在地面
判别依据	《建筑灭火器配置设计规范》（GB 50140—2005）第 5.1.3 条：手提式灭火器宜设置在灭火器箱内或挂钩、托架上，其顶部离地面高度不应大于 1.50m；底部离地面高度不宜小于 0.08m。

2021 年 12 月 22 日，某变压室的 2 具灭火器直接放置在地面，未采取防潮措施。

违章描述	库房内堆积易燃物
判别依据	《基层生产作业现场 HSE 管理规范 第 5 部分：采气（常规）管理区》（Q/SH 1025 0988.5—2015）第 4.1.5.1 条：工具间卫生干净、工具清洁、摆放整齐，应按照不同材质、规格、性能和要求，做到分区、分类摆放。

2021 年 12 月 1 日，某注采站润滑油库房内堆积易燃物。

违章描述	井场内易燃物未及时清理
判别依据	《中原油田消防安全管理规范》第 2.7.8 条：按照“安全自查、隐患自除、责任自负”的原则，组织防火检查、巡查，定期开展消防安全风险评估，及时消除火灾隐患。

2021 年 12 月 22 日，某采油厂储油罐旁边有干草。

违章描述	值班室门槛过高
判别依据	《生产过程危险和有害因素分类与代码》（GB/T 13861—2022）3109：房屋安全出口缺陷。

2021 年 10 月 14 日，某变电所值班室的门槛过高，人员进出困难。

违章描述	施工现场物品杂乱，安全通道不畅
判别依据	《石油工程建设施工安全规范》（SY/T 6444—2018）第 4.2.1. e）条：施工单位在工程开工前应进行施工平面设计，设计时应考虑：安全疏散通道及紧急集合点。

2021 年 11 月 25 日，某单位装置拆除施工现场，物品杂乱，安全通道不畅。

违章描述	未设置灭火器材
判别依据	《建筑灭火器配置设计规范》（GB 50140—2005）第 7.1.3 条：灭火器配置的设计与计算应按计算单元进行。

2022 年 10 月 4 日，某采油厂中转站的加热炉区未设置灭火器材。

违章描述	灭火器配备不足
判别依据	《石油化工建设工程施工安全技术标准》（GB/T 50484—2019）第 3.3.3 条：动火作业前应办理动火作业许可证。施工现场，应按规定配备消防器材。动火时，设专人监护，并执行动火和防火的相关规定。 《化学品生产单位特殊作业安全规范》（GB 30871—2014）第 5.2.1 条：动火作业应有专人监火，作业前应清除动火现场及周围的易燃物品，并配备消防器材，满足作业现场应急需求。

2021 年 5 月 29 日，某注采站的木工加工棚未设置灭火器。

违章描述	焊接人员无逃生通道
判别依据	《基层生产作业现场 HSE 管理规范 第 7 部分：采油管理区》（Q/SH 1025 0988.7—2015）第 5.2.4.4 条：施工现场应保证其畅通无阻，便于人员出入和抢救疏散。

2021 年 5 月 18 日，某采油厂注水阀组改造现场，操作坑内焊接人员无逃生通道。

违章描述	杂物堵塞安全通道
判别依据	《生产过程安全卫生要求总则》（GB/T 12801—2008）第 5.7.5.b 条：作业区的生产物料、产品、半成品的堆放，应用黄色或白色标记在地面上标出存放范围，或设置支架、平台存放，保证人员安全，通道通畅。 《建设工程施工现场消防安全技术规范》（GB 50720—2011）第 6.4.3 条：临时消防车道、临时疏散通道、安全出口应保持畅通，不得遮挡、挪动疏散指示标识。

2021 年 5 月 12 日，某单位施工作业现场，门口堆放大量杂物，堵塞安全通道。

违章描述	井口油污未及时清理
判别依据	《基层生产作业现场 HSE 管理规范 第 7 部分：采油管理区》(Q/SH 1025 0988.7—2015）第 4.1.2.5 条：井口装置配件齐全，井口、管线不漏油、不漏气，配电装置不漏电。

2021 年 4 月 30 日，某采油厂的油井表层套管漏失。

违章描述	井口丝堵渗漏巡检未及时发现
判别依据	《基层生产作业现场 HSE 管理规范 第 7 部分：采油管理区》(Q/SH 1025 0988.7—2015）第 4.2.4.1 条：套管阀门、油套连通阀门、生产阀门、回压阀门、防喷盒胶皮阀门、取样考克齐全完好。

2021 年 8 月 23 日，某采油厂单井口套管阀门丝堵渗漏，药液、污水渗漏至井口地面。

违章描述	未及时发现站内漏油
判别依据	《中国石化生产安全风险分级管控和隐患排查治理双重预防机制管理规定》第 3.1.2.2 条：基层单位应当按照属地化原则对管理的对象和业务逐区域、逐装置、逐专业、逐岗位进行风险识别，做到所有危险源、作业活动和相关的设备、设施全覆盖，形成基层单位风险清单。

2021 年 6 月 15 日，某采油厂的计量站内漏油，且未及时发现。

违章描述	堆土未采取防尘措施
判别依据	《石油化工建设工程施工安全技术标准》（GB/T 50484—2019）第 3.2.4 条：施工现场应采取覆盖、固化、绿化、洒水等减少粉尘措施。

2021 年 12 月 9 日，某丛式井场，开挖的堆土未采取防尘措施。

违章描述	风向标设置不规范
判别依据	《基层生产作业现场 HSSE 管理规范 第 8 部分：井下作业》（Q/SH 1025 0988.8—2020）第 4.1.7 条：值班房顶应设置风向标，高出房顶≥ 2m，设有反光标识。

2022 年 10 月 7 日，某采油厂油井施工现场，风向标设置不规范。

违章描述	不规范操作导致药品溅出
判别依据	《基层生产作业现场 HSE 管理规范 第 7 部分：采油管理区》（Q/SH 1025 0988.7—2015）第 5.3.23.4 条：平稳操作，防止药品溅出。

2021 年 6 月 25 日，某采油厂井口加药作业时，作业人员操作不规范导致药品溅出。

违章描述	装油操作不规范
判别依据	《基层生产作业现场 HSE 管理规范 第 7 部分：采油管理区》（Q/SH 1025 0988.7—2015）第 5.3.30.7 条：装油时，应缓慢、平稳打开装油阀门，避免喷溅装油，在注入口未浸没前，初始流速控制在 1m/s 以内，当注入口浸没 20cm 以后，可逐步提高流速，流速控制在 5m/s 以内。

2021 年 5 月 9 日，某采油厂外销油装车期间施工人员将液下装油鹤管从罐内拔出，改为喷溅式装油。

违章描述	卸油操作流程违规
判别依据	《石油天然气钻井、开发、储运防火防爆安全生产技术规程》（SY/T 5225—2019）第 7.5.3.2 条：装卸台应设两处静电接地活动导线，装卸前分别接于罐体和车体。

2021 年 5 月 8 日，某采油厂油罐车卸车时，施工人员先连接卸油管线，后连接静电接地线。

<table>
<tr><td>违章描述</td><td>罐车装油后静置时间短</td></tr>
<tr><td>判别依据</td><td>《液体石油产品静电安全规程》(GB 13348—2009)第 4.2.6 条：汽车罐车装油完毕，宜静置不少于 2min，再进行采样、测温、检尺、拆除接地线等操作。
《防止静电事故通用导则》(GB 12158—2006)第 6.3.7 条：对油槽车的静置时间为 2min 以上。</td></tr>
<tr><td colspan="2">

2021 年 9 月 17 日，某采油厂油罐车装油后，车辆静置时间只有 21s，即开车离开。</td></tr>
<tr><td>违章描述</td><td>使用非标罐车倒运原油</td></tr>
<tr><td>判别依据</td><td>《中原油田 HSE 管理体系 手册》(危险化学品管理)第 4.8.2.e)条：承运单位、车辆及相关人员应符合相关法律法规要求，取得相应资质，对运输车辆定期检验并设置警示标志，按核载种类及数量进行装载。</td></tr>
<tr><td colspan="2">

2022 年 7 月 12 日，某采油厂油站使用非标罐车倒运原油。</td></tr>
</table>

违章描述	挖掘机停用挖斗未收回
判别依据	《建筑机械使用安全技术规程》（JGJ 33—2012）第 5.2.23 条：作业后，挖掘机不得停放在高边坡附近或填方区，应停放在坚实、平坦、安全的位置，并应将铲斗收回平放在地面，所有操纵杆置于中位，关闭操作室和机棚。

2021 年 9 月 10 日，某注采站施工现场，1 台停用的挖掘机挖斗未收回。

违章描述	使用自制绳套
判别依据	《石油化工建设工程施工安全技术标准》（GB/T 50484—2019）第 5.1.14 条：所有起重机索具应具有产品合格证，不得超负荷使用，并定期进行检查，挂牌标识。

2021 年 9 月 3 日，某作业队吊运钻杆排时，使用自制绳套。

违章描述	厂区内接打手机
判别依据	《基层生产作业现场 HSSE 管理规范 第 6 部分：采气（酸性）管理区》（Q/SH 1025 0988.6—2020）第 6.2.1.2 条：涉硫区域作业还应遵守以下要求：b）作业人员劳保穿戴整齐，手机等非防爆电子用品已关闭，火种已存放到站场指定存放点。

2022 年 7 月 2 日，某采气厂液位计接管更换作业现场，1 名施工方监护人员在生产区域接打手机。

违章描述	作业站场内未关闭手机
判别依据	《基层生产作业现场 HSE 管理规范 第 1 部分：联合站》（Q/SH 1025 0988.1—2015）第 4.1.3 条：进站人员应穿防静电防护服，不应携带烟火等危险物品，进站前应关闭手机。

2021 年 7 月 8 日，某采油厂联合站膜组间，巡检人员在站内巡检时使用手机。

违章描述	夜间施工光线不足
判别依据	《室外作业场地照明设计标准》(GB 50582—2010)第 5.5.1 条:石油化工工厂室外照明标准值应符合规定。

2022 年 5 月 14 日 20:38,某采气厂集气站阀组区管线打磨作业,上部防雨布遮挡,造成施工现场光线不足。

违章描述	涉硫作业无监护人
判别依据	《基层生产作业现场 HSSE 管理规范 第 6 部分:采气(酸性)管理区》(Q/SH 1025 0988.6—2020)第 6.3.4.1 条:涉硫作业和特殊作业监护人员应由采气区指派本岗位人员担任;作业单位监护人由作业单位现场负责人指定。监护人员应佩戴监护标识。监护人应取得监护人资质。

2022 年 5 月 26 日,某采气厂井口区涉硫作业,监护人更换空呼时,未及时撤离施工人员,导致涉硫作业现场无监护人。

违章描述	承包商作业无人监护
判别依据	《中国石化承包商安全监督管理办法》第 3.8.2 条：施工作业过程中，签发人、接收人对作业全面负责，双方的监护人应在现场全程值守。

2021 年 4 月 27 日，某采油厂处理站分离器恢复生产流程现场，监护人做与监护工作无关的事情，导致现场无人监护。

违章描述	开启注水泵时无监护
判别依据	《基层生产作业现场 HSE 管理规范 第 3 部分：采油注水站》（Q/SH 1025 0988.3—2015）第 5.3.1 条：启注水泵应设定一名监护人员，做到一人操作，一人监护。

2021 年 11 月 19 日，某采油厂注采站泵房，1 人开启注水泵，无人监护。

违章描述	装油过程无人监护
判别依据	《油罐车装、卸安全管理规范》（Q/SYTZ 0216—2008）第 3.13 条：装、卸油过程中，作业人员与驾驶员禁止离开装油现场。

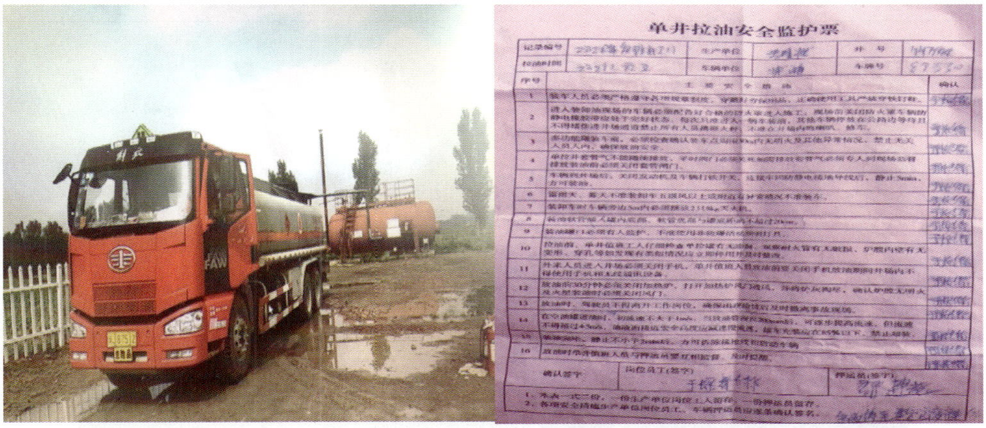

2021 年 7 月 3 日，某采油厂原油装车现场，罐车原油充装过程中司机离开，装油过程无人监护。

违章描述	检查旋转设备无人监护
判别依据	《中国石化严重违章行为判定标准》第 6（2）条：违反规定未进行现场监护或监护人员无资格、擅离职守的；特殊作业、高风险的非常规作业、生产区内的临时性作业等实施许可的作业，未进行现场“双监护”的。

2021 年 10 月 12 日，某注采站检修压缩机时，一人在旋转部位检修，试运行无人监护。

违章描述	起重施工交叉作业
判别依据	《石油化工建设工程施工安全技术标准》（GB/T 50484—2019）第 3.5.13 条：作业时不宜进行上下垂直交叉作业，不能避免时中间应设置硬隔离措施。第 3.5.14 条：存在物体坠落风险的区域，人员、机械通行处应设置安全通道，其他区域采取封闭隔离措施，人员不得进入。

2021 年 8 月 19 日，某建设现场，多台吊车起重作业时交叉施工，一台吊车吊篮牵引绳挂在另一台举升车吊臂上。

违章描述	起重、动土交叉作业
判别依据	《建筑施工易发事故防治安全标准》（JGJ/T 429—2018）第 6.0.1 条：交叉作业时，下层作业位置应处于上层作业的坠落半径之外，在坠落半径内时，必须设置安全防护棚或其他隔离措施。

2021 年 8 月 20 日，某注采站，吊装施工时单点捆绑起吊、手扶吊物并且与下方动土作业交叉施工。

违章描述	交叉作业
判别依据	《石油化工建设工程施工安全技术标准》(GB/T 50484—2019)第 3.5.14 条：作业时不宜进行上下垂直交叉作业，不能避免时中间应设置硬隔离措施。 《中国石化严重违章行为判定标准》第 6.(6)条：交叉作业未采取错时、错位、硬隔离措施的。

2021 年 9 月 2 日，某注采站施工中，2 名作业人员站在设备护栏高处作业，头上部在进行气割作业，身体侧边在进行起重作业。

违章描述	用火、刷漆交叉作业
判别依据	《石油工程建设施工安全管理规范》(GB/T 6444—2018)第 5.6.5 条：高处动火作业时，应在动火点下方采取接火或防火措施。 《中国石化严重违章行为判定标准》第 6.(6)条：交叉作业未采取错时、错位、硬隔离措施的。

2021 年 8 月 24 日，某注采站，过滤分离器区上方进行高处电焊作业时未采取防止火花飞溅措施，下方同时进行罐体刷漆交叉作业。

违章描述	进入受限空间作业未落实许可管理
判别依据	《中国石化受限空间作业安全管理规定》第 1.2 条：进入受限空间必须办理作业许可证。第 3.2.1 条：采样分析。

2021 年 10 月 1 日，某建设现场，进入阀井受限空间作业时未进行气体检测，也未实行许可管理。

违章描述	现场无作业许可证、无监护
判别依据	《中国石化作业许可管理规定》第 1.3.1.1 条：特殊作业是指用火、临时用电、进入受限空间、高处、动土、起重和盲板抽堵等 7 项作业必须实行作业许可管理。第 3.7.2 条：应由建设单位和施工单位实施作业现场“双监护”。

2021 年 10 月 11 日，某丛式井场管线焊接用火作业和管沟挖掘动土作业现场，无用火、动土作业票证，也无监护。

违章描述	作业许可证未办理关闭手续
判别依据	《中国石化作业许可管理规定》第 3.8.3 条：作业完毕，基层单位应组织对现场进行检查，确认无遗留安全隐患后，办理作业许可证关闭手续。

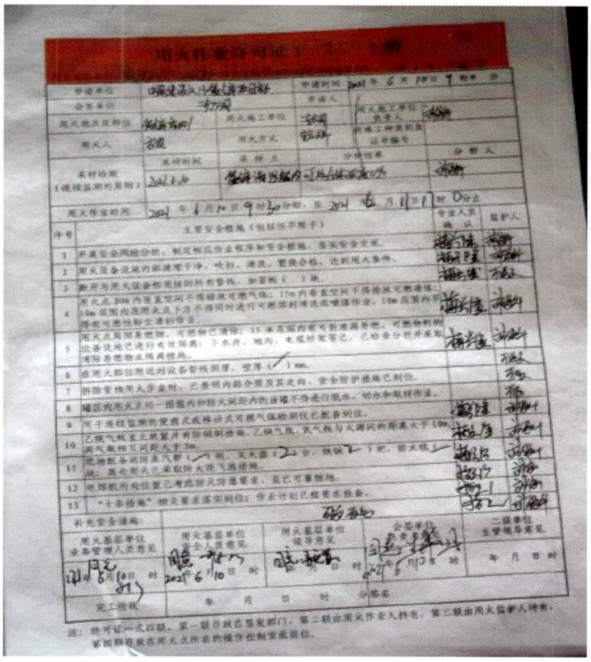
用火作业许可证

2021 年 6 月 12 日，某注采站办理的消防水罐二级用火作业许可证未办理关闭手续。

违章描述	第三方监督未发挥作用
判别依据	《中国石化承包商安全监督管理办法》第 2.3.6 条：监督检查施工过程中各项安全技术措施、安全管理措施的落实。

2021 年 8 月 24 日，某注采站建设现场，第三方监督对现场交叉作业无防护、起重吊装相互干涉等现象没有及时制止。

违章描述	入场机具检查不严格
判别依据	《中原油田承包商安全监督管理办法》第 2.4.5 条：负责对承包商进场机具设备进行检查验收。

2021 年 7 月 21 日，某建设现场，未对承包商进场的 2 台吊车车况、性能进行检查，随车钢丝绳吊具断股。

违章描述	车辆坡道停放未设立垫木
判别依据	《油罐车装、卸安全管理规范》（Q/SY TZ0216—2008）第 5.5 条：引导车辆进场，驾驶员将车辆停稳并熄火，拉起手刹，前、后轮胎垫支墩。

2021 年 5 月 31 日，某采油厂联合站原油罐车在有坡度路面停放时，未在车辆后轮设立垫木。

本文涉及的相关标准

1.《油罐车装、卸安全管理管理规范》Q/SY TZ0216—2008
2.《石油工程建设施工安全管理规范》GB/T 6444—2018
3.《石油化工建设工程施工安全技术标准》GB/T 50484—2019
4.《建筑施工易发事故防治安全标准》JGJ/T 429—2018
5.《室外作业场地照明设计标准》GB 50582—2010
6.《建筑机械使用安全技术规程》JGJ 33—2012
7.《液体石油产品静电安全规程》GB 13348—2009
8.《防止静电事故通用导则》GB 12158—2006
9.《石油天然气钻井、开发、储运防火防爆安全生产技术规程》SY/T 5225—2019
10.《建设工程施工现场消防安全技术规范》GB 50720—2011
11.《化学品生产单位特殊作业安全规范》GB 30871—2014
12.《建筑灭火器配置设计规范》GB 50140—2005
13.《生产过程危险和有害因素分类与代码》GB/T 13861—2022
14.《混凝土结构工程施工规范》GB 50666—2011
15.《化学品作业场所安全警示标志规范》AQ 3047—2013
16.《危险化学品经营企业开业条件和技术要求》GB 18265—2000
17.《机动车排气火花熄灭器》GB 13365—2005
18.《一般压力表》GB/T 1226—2017
19.《安全阀一般要求》GB/T 12241—2021
20.《压力管道规范 工业管道第 4 部分》GB/T 20801.4—2020
21.《本安型人头静电消除器安全规范》SY/T 7354—2017
22.《油气田工程安全仪表系统设计规范》SY/T 7351—2016
23.《石油化工仪表接地设计规范》SH/T 3081—2019
24.《爆炸危险环境电力装置设计规范》GB 50058—2014
25.《油气田工程安全仪表系统设计规范》SY/T 7351—2016
26.《石油天然气工程可燃气体检测报警系统安全规范》SY 6503—2016
27.《安全阀安全技术监察规程》TSG ZF001—2006
28.《企业职工伤亡事故分类标准》GB 6441—1986
29.《生产过程危险和有害因素分类与代码》GB/T 13861—2022
30.《机械安全 防护装置 固定式和活动式防护装置的设计与制造一般要求》GB/T 8196—2018
31.《头部防护 安全帽选用规范》GB/T 30041—2013
32.《头部防护 安全帽》GB 2811—2019
33.《生产过程安全卫生要求总则》GB/T 12801—2008
34.《建筑施工高处作业安全技术规范》JGJ 80—2016
35.《坠落防护装备安全使用规范》GB/T 23468—2009

36.《石油工程建设施工安全规程》SY/T 6444—2018
37.《石油天然气生产专用安全标志》SY/T 6355—2017
38.《水电水利工程施工机械安全操作规程挖掘机》DL/T 5261—2010
39.《石油工程建设施工安全规范》SY/T 6444—2018
40.《手拉葫芦安全规则》GB 9010—1999
41.《起重机安全规程 第 1 部分：总则》GB 6067.1—2010
42.《汽车起重机安全操作规程》DL/T 5250—2010
43.《起重机械安全规程 第 1 部分：总则》GB 6067.1—2010
44.《建筑施工安全检查标准》JGJ 59—2011
45.《环链电动葫芦》JB/T 5317—2016
46.《建筑施工起重吊装工程安全技术规范》JGJ 276—2012
47.《起重机安全使用第 1 部分：总则》GB/T 23723.1—2009
48.《起重机械安全规程第 1 部分：总则》GB 6067.1—2010
49.《施工现场临时用电安全技术规范》JGJ 46—2005
50.《1kV 及以下配线工程施工与验收规范》GB 50575—2010
51.《用电安全导则》GB/T 13869—2017
52.《剩余电流动作保护装置安装和运行》GB/T 13955—2017
53.《建设工程施工现场供用电安全规范》GB 50194—2014
54.《低压配电设计规范》GB 50054—2011
55.《电气装置安装工程接地装置施工及验收规范》GB 50169—2016
56.《电力安全工器具预防性试验规程》DL/T 1476—2015
57.《石油化工工程临时用电配电箱安全技术规范》SH/T 3556—2015
58.《带电作业用绝缘手套》GB/T 17622—2008
59.《焊接与切割安全》GB 9448—1999
60.《石油工程建设施工安全规程》SY 6444—2010
61.《气瓶使用安全管理规范》Q/SY 1365—2011
62.《建设工程施工现场消防安全技术规范》GB 50720—2011
63.《电业安全工作规程》GB 26164.1—2010
64.《个体防护装备选用规范》GB/T 1651—2008
65.《梯子 第 3 部分：使用说明书》GB/T 17889.3—2012
66.《便携式梯子使用安全管理规范》Q/SY 1370—2011
67.《建设施工扣件式脚手架安全技术规范》JGJ 130—2011
68.《建筑施工门式钢管脚手架安全技术标准》JGJ/T 128—2019
69.《坠落防护 安全带》GB 6095—2021
70.《井下作业安全规程》SY/T 5727—2020
71.《石油钻、修井用吊具安全技术检验规范》SY/T 6605—2018
72.《钻井井场、设备、作业安全技术规程》SY 5974—2014